U0663035

青少年心理培训丛书

青少年团体心理活动培训手册

从 体 验 到 收 获

邓淑英　麦淑华 —— 著

华东师范大学出版社
·上海·

图书在版编目(CIP)数据

青少年团体心理活动培训手册：从体验到收获/邓淑英，麦淑华著. —上海：华东师范大学出版社，2020
(青少年心理培训丛书)
ISBN 978-7-5760-0546-2

Ⅰ. ①青… Ⅱ. ①邓…②麦… Ⅲ. ①青少年心理学—集体心理治疗—手册 Ⅳ. ①B844.2-62

中国版本图书馆 CIP 数据核字(2020)第 178990 号

青少年心理培训丛书

青少年团体心理活动培训手册

从体验到收获

著　　者　邓淑英　麦淑华
责任编辑　刘　佳
责任校对　郑海兰　时东明
装帧设计　刘怡霖

出版发行　华东师范大学出版社
社　　址　上海市中山北路 3663 号　邮编 200062
网　　址　www.ecnupress.com.cn
电　　话　021-60821666　行政传真 021-62572105
客服电话　021-62865537　门市(邮购)电话 021-62869887
地　　址　上海市中山北路 3663 号华东师范大学校内先锋路口
网　　店　http://hdsdcbs.tmall.com

印 刷 者　上海商务联西印刷有限公司
开　　本　787 毫米×1092 毫米 1/16
印　　张　14.75
插　　页　2
字　　数　192 千字
版　　次　2021 年 1 月第 1 版
印　　次　2023 年 9 月第 3 次
书　　号　ISBN 978-7-5760-0546-2
定　　价　48.00 元

出 版 人　王　焰

(如发现本版图书有印订质量问题，请寄回本社客服中心调换或电话 021-62865537 联系)

目 录

推荐序 蔡元云 5

自序一 麦淑华 7

自序二 邓淑英 9

增订版自序一 麦淑华 11

增订版自序二 邓淑英 13

导言 15

第一部分 基础篇 1

第 1 章 什么是解说? 2

其实，解说在日常生活的环节里不时会出现……

第 2 章 解说的主要概念 10

解说是经验学习法的重要环节……

第 3 章 解说工作者的特质与信念 20

解说工作者的个人特质，十个做解说前的信念

第 4 章　如何抓住解说时机？ 30

若要把握解说的机会，工作者必须坚守……

第 5 章　如何把宝贵经验转化成学习成果？ 38

在不同学习场景中运用解说技巧，让青少年深化学习经历

第二部分　应用篇 45

第 6 章　自我发现 46

自我认识就可带来改变？

第 7 章　领袖素质 72

领袖需要十项全能

第 8 章　团队建立 100

团队能一拍即合？

第 9 章　有效沟通 122

我们不能强迫他人与自己沟通……

第 10 章　难题解决 148

排难解忧遇到更多困难？

第 11 章　目标达成 172

如何制订成功的标准？

第 12 章　解说个案 196

活动解说、个人及群体解说

参考书目 205

推荐序

这本书带给我意外的惊喜和反思。

最初我以为这是一本为教师和社工撰写的工具书，透过一些实用的解说工具和技巧，协助学生/学员在课堂或课外学习，又或是在训练营中整理和深化学习的知识和经验。

想不到的是，这本书为每个人都提供了整理自己生活的概念和工具，让我们能够在不同的场景中提升自省的能力、促进人际的沟通，真正实践一个终身学习的人生。

这本书好像一副“解码眼镜”，让我们能够透视一些看似凌乱的生活体验，或是学习经历，对自我发现有实际的帮助。

这本书又好像一台“译码器”，让我们与人沟通时能够更有系统、更有条理地解释一些共同的体验，消除一些不必要的误解，促进人际关系的建立。

两位作者都是资深的教师、社会工作者和青少年工作者，她们不单将本身的解说技巧和经验整理结合；更珍贵的是，她们将一些解说大师的理论框架，将一些心理学的理论架构仔细深思后，应用出来，让这本书的理论基础更加扎实，提升了解说的透视力和深度。

两位作者都是我认识多年的朋友，在青年发展基金的工作中，她们的投入、承担和经验，叫人佩服。我在不少营会中与她们并肩合作，她们对青少年的热诚、教导的灵活、解说的深入，都深受青少年及导师欢迎。

这本书应用的领域意外地广泛。我深信这本书一定会受到教师、社会工作者的欢迎，据悉有些同行早已预先订购了。我诚意向有心经历学习的人士推荐，并且向每位培训员推介这本难得的教育工具书。

我最大的心愿是这本书会最终到达那些关心青少年的人士手上，为青少年的学习与成长带来更多的空间和深度。

蔡元云

青年发展基金荣誉会长

自序一

“深刻体验未经适当表达和转化将会引致郁结。”(Impression without expression leads to depression.)

——华理克(Rick Warren)

这句话由蔡元云医生引述，用以提醒 2005 年国际华人青年领袖训练营的营友，也不断在我内心徘徊。

为何我们要整理触动的情绪，省察周遭发生的事对我们的意义？为何不让这些触动如流水般逝去？触动，对个人或群体有何意义？

曾子说：“吾日三省吾身”。事实上，触动、深刻的体会并不会因时间而淡忘，每当遇到相近的情境时，我们未整理的思绪或情感会随时向我们突袭，届时要面对和处理，就需要更大的努力。

整理触动的情绪，是为要化作成长的动力，解说成了帮助整理过程的催化剂。

近年在培训中，我认识不少工作者都十分努力地去应用解说的技巧。认知上，他们确知解说是重要的，但应用时却带来挫败感！在一次督导实践中，我看见一位活泼、爽朗和热情的工作者，变成一个面容绷紧、说话低沉、动作僵硬的发问机器。她在沉重压力下，无力带动组员自然地分享经验。我给了她鼓励和具体建议，后来她渐渐令整个小组起死回生。活动完结时，组员们含泪拥着她说再见！其实，解说的秘诀，在于我们如何理解解说和如何掌握应用的时机。

过往，我们对解说的认识也很有限，主要集中于分享、绘画、角色扮演及小组汇报等模式，以为这样就可完成解说，却未能关联参加者的学习和反省。2000 年初，我和淑英一起参加了英国著名解说学家罗贵荣博士(Dr. Roger Greenaway)的解说技巧工作坊，开启了我们的视野，是我们认识上的一次转折点。其后，我们在自己的岗位上不断探索、应用、分享、交流、接受培训，又合作一起培训其他工作者，以至一起做梦，想把累积了的经验整理、制作成解说技巧的培训手册。想不到，今天我们的梦想成真！

期盼本书能触动各位读者的心灵，启动大家无限的创意。希望读者应用本书的解说项目时有更多的变化，能够启迪学员转化成长历程，使他们的生命得到最大的祝福！

我和淑英也盼望这本书能燃起你们的梦，把每个触动你心灵的经验记录下来；不管是给予我们宝贵的意见，或应用上的响应和创新理念，都欢迎与我们分享(flycherry05@gmail. com)。但愿我们的交流，可以丰富彼此的经验，又可推动本地应用解说技巧，更可在不久的将来把意见整理后再与大家分享。

麦淑华

自序二

真正接触“解说”这个课题，是从入职青年发展基金开始。入职前，我是一个普通的中学老师，热衷的不止于教室里的教学，也想将学生带出教室，学习书本以外更多宝贵的知识和经验。但活动过后，往往不懂如何处理和运用那些宝贵的经验来提升学习。入职青年发展基金以后，我与学员有很多经历另类学习的机会，更觉解说的重要。但那时候，我只是随心而发地去应用解说，没有什么技巧或心得可言。后来认识麦淑华(Cherry)，一起参加了英国著名解说学家罗贵荣博士的解说技巧工作坊，于是一起探究“解说”这课题，开办课程与青少年工作者分享。

与麦淑华一起筹划这本书的过程，心中很是兴奋，因为我们都想向青少年工作者分享经验。麦淑华是资深社工，所以她在写作时多从社工的工作和需要出发。而我有多年的教学及培训经验，近年亦曾积极参与编写“成长的天空”发展课程的小学版教材，故此我较关心老师在教学过程中怎样应用这些解说材料。

心中盼望透过解说这种思维模式，帮助老师与学生解构在通识教育教学过程中，把活动后很多群体及社会上的宝贵经验提升，将学习与现实生活关联。因为解说不单是一种技巧，也是一种思维模式和做人态度。“解说人生”(debriefing life)帮助我们有系统地思考和整理日常的生活经验，可更有效地制订改善自己的方向；它可以挑战我们自己的生活及人生，从经验中回顾与学习，带来更多的反思。

记得早年教学时，课间休息或放学后我有很多与学生倾谈的时间，我想那些时间都是宝贵的时机，与学生解说他们日常的生活体验。但现今的老师愈来愈繁忙，连平日与学生倾谈的时间也没有了，怎样解说自己，再与学生进行解说呢？

著名教育心理学家帕克·帕尔默(Parker Palmer)曾提醒我们："教学就是开创一个实践求真共同体的空间(To teach is to create a space in which the obedience to truth is practiced)。"我深深觉得，教育是个"生命工程"，要有空间将学习的知识和真理，加以体验、深化和实践，而解说则有助这个深化的过程。我期望有一天，老师教得更愉快，更有满足感，有更多时间做有素质的教学工作。

邓淑英

增订版[①]自序一

自从本书初版出版后，我一直积极投入不同的“生命解说”工作者培训工作，每次培训后的回馈，均给我带来重要的鼓励！

来自参与前线的朋友的回应，主要有三点：(1)如何立即套用在他们的工作岗位上；(2)加点心思转化便能改造成切合受众需要的系列；(3)使大家最雀跃的是见到工作者生命的火重燃，再次启动起来。

作为著书者，有说不尽的感恩！在断版的情况下，每次培训工作完结时，参与者都渴望可以拥有一本回家细读，这也是推动本次再版的缘由。

期盼再版的本书，不单是一本祝福年轻人生命的教育工具书；也能祝福各位青少年工作者的生命。在预备带领受众“生命解说”之先，工作者的生命也需不断反省整理，以推动自我成长，使生命更有深度和内涵，有心有力带动青少年成长。

麦淑华

2015.8.28

① 本书原版书名为《成长体验(Debriefing)，本版根据突破出版社 2015 年 10 月 2 版 1 刷编辑出版。——编者注

增订版自序二

自 2006 年本书出版以来，近年教育界及社福界，有不少政策在改变，这些改变都与通识教育，其他学习经历（Other Learning Experiences），学习无疆界（School Without Wall）及至最近的生涯规划（Career and Life Planning）有关，“改变”让学生有丰富的课堂以外的学习经验，喜见有些学校把书本的学习迁移到不同的环境及情境中，但是怎样处理这么大量的学习经验呢？如何让学生总结、深化，并且把宝贵的经验应用在生活中呢？如果没有好好总结及反思，这些宝贵的经验，就会流于纯粹的一个活动，只是停留在表层的经验，大大影响深层的学习效果。

因为工作的关系，近年把这本书的一些概念及活动带到北京、上海及四川这些不同的地区，与当地的青少年工作者分享，他们都觉得新鲜，且非常认真地学习。内地近年大大发展“营地教育”及“拓展活动”，相信这本书也能帮助他们总结丰富的营会及拓展经验，带领青少年迈向美好的人生。

同时我们发现有些社工和老师都喜欢把本书放在案头作为工具书，随时使用，以致这本书经常售罄。所以这一次再版，除了重新编排外，也加上“第 3 章：解说工作者的特质与信念”及“第 12 章：解说个案”。如果一个解说者同时留意个人特质，加上实际的个案解析，多方装备自己，相信他（她）可以把解说带领得更好。同时，为了让读者能更好地掌握如何进行解说，后面列出几个解说的个案，让大家可以参考及讨论。

相信只要大家的信念相同，活动可以按不同的情况变化、修改及创新，而其中不变的是我们都有一颗心，与青少年同行，通过有质量的解说陪伴他们成长。

我们写这本书的初衷，就是为了有更多的同路人，在青少年工作的路上继续进步及成长。

邓淑英(Jackie)
(联络电邮：jackie. tsy@gmail. com)
2015. 8. 28

导言

解说是近年来很流行的词汇，普遍使用于不同情境中，包括成长小组、领袖培育、学校的班主任课/成长课、职业培训计划、康乐营会活动、情绪辅导小组、灾难后辅导小组、工商机构培训等。应用原因并不单是因为潮流，而是各应用者相信解说的效益，可将空泛的知识关联于生活场境，以提高各人学习的兴趣，再作进一步探索，继而学以致用。

既然具有如此的效果，各工作者应该乐此不疲应用解说了吧。然而我们在接触前线工作者的时候，却得到以下反应：

“解说很难掌握，怎样带领都达不到正题，参加者很快就扯开话题。”

“每次说不到两句，大家就互不相让，矛头直指对方，最后令大家感觉不是味儿而沉寂下来，气氛尴尬，不知如何是好。”

“万一牵涉到个人的情绪问题，我也不知怎么办，能避就避啦！”

社工遇到不少挫败?

类似的情况，在工作者和参加者中也曾出现。一些不合时宜的解说手法，确实触发了一些不愉快的经验，压抑了参加者对学习的醒悟，有参加者甚至以行动抗拒参与。难怪一些前线工作者在应用解说时，常常感到为难，为避免掉入挫败的深渊而欲言又止，甚或是“封嘴”。

不少工作者确实想知道：如何能打破以上的困局，有效地将宝贵的学习或经验沉淀、整理？如何能一击即中进入正题？如何能抓住机会将主题信息和学习重点传递给参加者？如何让他们不停留于胡扯，而是把学习转移到日常生活中，学以致用？

应用解说时，工作者要揭露个人或群体层面的反应，就如站在高架桥上等候接受“蹦极”挑战那种一跃而下的心情，要有很大的勇气和准备。因为解说过程牵涉到每位参与者(工作者和学员)流露其信念和价值观，参与者不一定准备好开放自己，故此整个过程真的不是胡扯就可激发成长的。

教师如何掌握技巧？

值得一提的是，香港教育局(2007 年 7 月前称教育统筹局)自 2004 年推出新学制咨询文件以来，通识教育科成了教育界的讨论焦点。即使有些教育工作者认为这给教学形式带来一个契机，可鼓励学生多角度研习讨论，但讨论时怎样才能避免“注水”[①]呢？当讨论议题触及不同的价值取向时，教师应如何讲解下去？讨论以后，教师又应如何处理那些跨科学习经验，使之成为具有教育意义的体悟呢？

---

① 注水：这里指讨论时说大量无意义的话。——编者注

此外，教育局一直极力提倡全方位学习，鼓励学生运用更多的学习空间，体验课本以外的知识、待人态度和处世技巧。于是，部分学校把职业相关的经验(例如筹办年宵摊位)，渗入到不同的课程中。我们观察这类课外活动，例如过往社会福利署及教育局大力推行的“成长的天空”计划，及各个非政府机构与学校的合作计划，教师往往只作为带队及支持等角色。我们虽然明白教师的主要职责是在课堂中教学，但随着课外学习场景的增加，教师除了从旁协助各项行政安排外，会否考虑运用解说技巧，引导学生把这些跨科学习的活动经验深化为具有教育意义的体验(making sense of experiences)，增加学生对自己人生之路的探索层次呢？

我们相信，**教师是学生在成长期中接触时间(contact time)最多的人，老师若能掌握解说的理念和技巧，则既可让学生在实际生活中应用课堂的知识，也能在施行情感教育或辅导学生时做得更好**。

六项选取主题

我们看见了青少年工作者的需要，也深信解说技巧对整理学习经验的重要意义，**故此整本书的结构，会针对青少年导师、社工和教师的实际场景出发，在助人成长和人格教育课题之中，特别选取了六个较为重要的主题，来展示解说技巧的应用方法，期盼协助青少年工作者能够带领具有教育意义的体验活动**。

选取的六个主题可分为以下三个范畴：

学习重点	个人内在素质 （价值与态度）	人际关系及技巧	制定未来成长方向
选取主题	1. 自我发现 2. 领袖素质	3. 团队建立 4. 有效沟通	5. 难题解决 6. 目标制定
成长维度	过去	现在	未来
成长过程	重寻生命本质与意义 （Being）	建立与群体之归属感 （Belonging）	迈向成长方向 （Becoming）

一、 个人内在素质

学习重点在于整理青少年的“过去”。自我的概念是透过家庭、学校及大大小小不同的处境，逐渐累积而成为“今天的我”。故此我们选择“自我发现”（第 6 章）和建立“领袖素质”（第 7 章）的体验及解说项目，协助青少年重寻生命的本质和意义，建立个人的价值信念与态度。明白自己、发展潜能，都是成长必经的历程。

二、 人际关系及技巧

学习重点在于整理青少年的“现在”。人是群体的动物，没有一个人能离开群体而独自生活。群体的归属感是建立个人自尊的重要元素之一。我们相信透过“团队建立”（第 8 章）及“有效沟通”（第 9 章）的体验，可让青少年明白自己与别人的沟通模式，有助他们学习与群体相处，建立归属感。

三、 制定未来成长方向

学习重点在于探索青少年自己的“未来”。未来是未见之事，但青少年藉不断评估自己的能力，调校及制定长远目标。故此我们借着“难题解决”(第10章)及“目标达成”(第11章)的体验，协助青少年辨别个人的能力，逐步迈向更美的成长目标和方向。我们相信这是青少年创路成长的阶段，要从不断的学习及体验中，为自己的人生制定未来的成长方向。

工作者引导青少年整理学习经验前，最好能全盘掌握以上各主题的信息，否则解说时就会事倍功半了。我们在本书的第二部分，将逐一阐明应用方法。

本书的编排

本书分为两部分。第一部分为基础篇，先澄清工作者对解说的各种迷思，再介绍解说的基础概念——经验学习法[①]**，亦特意分享解说技巧在课堂内外应用的意义**。

我们明白教师在过往的师资培训中，缺乏带领活动、经验学习法和解说技巧等训练。另一个很实际的问题，是现在教师的工作量及压力大大超出负荷，对一些尽责的教师来说更甚。我们没能力提供答案，只期盼各位老师教得愉快，学生有兴趣学习。我们认识的老师，有很多也表示不介意辛劳，只介意劳苦背后是否有意义。一位与学生一同经历、一同把经验化作成长机会的老师，可能使教学更具感染力。

---

① 经验学习法译自 Experiential Learning 一词，也可译为“体验学习法”。本书第2章详细解释该词。——编者注

故此，文中提及的“参加者”或“学员”包括正规课堂上的每一位学生；“工作者”或“导师”则包括在课堂上的老师。

我们在本书第二部分将详细介绍上述的六个主题，每章的编排均包括以下各项元素：

1. **主题概览**——有关主题的含义、要素和方向。

2. **扪心自问**——既然解说目标是培育生命，我们就得提出问题，刺激工作者思考，究竟这个主题应该怎样结合于他们的生命和价值信念中。

3. **受教时刻**——顾名思义，受教时刻（teachable moment）并不是游戏介绍，而是借着每项活动提升反思及学习层次，包括：

   - **重点发问**：列举主题的重点发问方向，引导参加者集中表达主题。

   - **工具整合**：列举十个不同的解说工具。工作者可按参加者的情况选择合适的工具，把他们的体验提升至最理想的学习层次。每个列举的工具内均包括使用目的、运用步骤、整理经验时提问的方向，以及可供学校场景应用之建议，让初尝解说技巧的工作者易于使用。

   由于内容因时日变迁，世事随之改变，有些数据已不合时宜和找不到源头，为使大家能有效应用，我们将部分的工具修改，并修订了“整理经验”的提问，将“4F”流程的结合，重新整理提问句子，期盼让各工作者更容易掌握发问的“4F”基准和融汇应用。

4. **经验回顾**——工作者本身也是一位参与者，每个主题对我们自己都有独特的信息。经验回顾提供一个操练的机会，把自己对该个主题的反省及整理经验记录下来，这亦有助于引领参加者反思与学习时，能自如地应用解说技巧。

诚然，每一个主题内所介绍的解说工具，并非只限于在该主题下应用，工作者可按个人的专长及创意，将不同的工具交替演变。我们相信，你们必能拼凑出一幅既美丽又全面的图画。

第一部分 基础篇

第 1 章 什么是“解说”?

在一次培训户外工作者的体验营中，各参加者在营会第二个晚上要去往野外独处四小时。完成了四小时的“个人独处”项目后，工作人员依时前往接他们回营。当时，其中一组参加者已自行围在一起闲聊。工作人员清点人数时，发现少了两个人。工作人员询问时，参加者不以为然地说，那两人走到指定范围以外的溪涧洗澡去了。结果，全体成员要等待那两位参加者归队后，才能返回营地。

这群参加者都是自费参加这次进修活动的，理应属于积极且目标清晰的人，但眼前却是一群态度轻率的参加者，我深感愕然，不禁脸色一沉，说话也严肃起来。各参加者辨识到我的反应后，亦安静了下来。

假设你就是当天的我，你会实时调校参加者的嬉戏状态吗？

当时我并没有责备他们，或要求他们解释。在返回营地途中，我亦只让各人继续安静。回到营地后，他们一起吃早餐，瞬间就把先前所发生的事搁在一旁，又开始闲聊了。

假设你就是当时的我，你会如何把当下的经验调校为一次具有意义的学习机会呢？

或者你会问：为何一定要把经验调校为具有意义的学习机会呢？

不“解说”不行吗?

其实每一个经验都具有重要的意义,每一个经验都能塑造我们的生命;若要在生命中迎接每个挑战,使生命变得丰盛、迈向成长的话,重访这些经验就十分重要。唯有清除经验中的障碍,认识另有选择的路径,我们才可超越营营役役的生活状态(doing),而作一个有情有义的人(being)。

因此我们把经验调校为一次具有意义的学习机会,其实就是给自己一个喘息的空间,用一个新的角度重整经验,重新理解和学习整幅生命图画,这就是一个解说的过程。人生旅程都需要解说。

当天我吃早餐时,深感那是一次值得解说的机会,即邀请大家分享独处的过程,怎么会从独处而走在一起闲聊、各人对这个集体决定的看法和感受、破坏游戏规则与自己惯常面对问题的反应有哪些关连性,又让他们思考个人信念与行动取向之间的界线,对于我的严肃反应引发了哪些反省,以及他们在未来面对同样的参加者时会如何处理,等等。

不知不觉间,那次深入的对话花了四个多小时,各人从初期的防卫和卸责的本能中渐渐解封,诚实面对自己。训练营完结时,他们说最大的收获就是那个环节。他们从没想过一个随意的决定竟蕴藏着性格和价值取向特质,最重要的是有机会重新发现和认识自己,故极为宝贵。这个小组的成员至今仍保持联系,因为他们珍惜当天彼此的真情对话,那天的对话也启发了他们面对未来的态度。

五个要解说的理由

1. **赋予意义，推动前进**——引导参加者正面分享经验，提升及肯定每个经验对生活所带来的意义，可激励参加者继续前行。

2. **解除疑虑，开拓视野**——分享自己的经验时，可重新检视自己；聆听他人分享时，可有新角度发现自己。参加者之间的交流，可提供更多不同的片段来拼凑整幅图画，澄清误解与疑虑，拓宽了对人对事的视野。

3. **检视目标，发展技能**——帮助参加者检视所达成的目标，从而获得鼓励和肯定；参加者回顾体验历程时，可增强观察和自省的能力；表达个人意见时，亦可锻炼其表达和聆听能力，促进个人沟通技巧。

4. **表达关注，激励学习**——引导参加者聆听及响应他人分享，彼此间辨识到自己是受尊重的，这些经验是有意义的、受重视的，可激励他们成为更好的学习者。

5. **互相支持，改善关系**——不论体验成功与否，他人表达的肯定和支持可建立互信的支持系统，让参加者可安心分享，从而对人建立信任，改善人际关系和建立友情。

你我每天也在“解说”？

其实，解说不止于进行活动时使用，日常生活的环节里也会不时出现，只是我们并未察觉而已。你可曾遇到过以下情境：

- 活动/项目完成后举行检讨会；
- 老板每年考虑加薪前的评估；
- 学生收到考试成绩表后，调整未来一年的读书策略；
- 惨剧或灾难发生后，临床心理学家/教育心理学家/社工/辅导员纾解情绪受困扰人士；
- 比赛完结后，运动员观看录像带，讨论各人之表现，计划如何迎战下一场比赛；
- 厨师做菜试味后，调校味道及配搭；
- 不断调配家具位置，使家居环境更舒适；
- 从新的办公地点回家，尝试找出一条最简短的路程。

以上某些情境，也许需要专业人士协助解说，但一般而言都是我们日常生活的片段；无论你是否接受过解说训练，生活里都尝试过解说。

事实上，**我们在人生旅途上不断地自我解说，定时省察自己的境况，计划未来，**

清理内心郁结，肯定成就，继而再上路，这是每一位愿意不断成长的朋友必经之路。

你还记得自己曾经历过以下片段吗？

- 年幼时的“家家酒”角色扮演游戏；
- 读小学时交周记功课；
- 中学期间定时交阅读报告；
- 写记录；
- 旅游/重大庆祝后，设立网上平台，整理和上传相片及影片；
- 出席任何的检讨会议；
- 交工作检讨报告、机构年报；
- 感恩祈祷会，等等。

如此说来，我们是否在任何情况下都要解说呢？其实不然，若出现以下情况，我们可以暂时不用解说：

- 过程中没有值得整理的经验；
- 群体内欠缺互相信任的气氛；
- 参加者身、心、灵的状态疲惫不堪；
- 另有紧急或更重要的事件需要先行响应。

东拉西扯就是“解说”?

在学校、工商机构、营舍或户外场地等进行的活动里,经常可听到解说。以下的话是在进行解说吗?

- 活动后,大家坐下来谈一谈吧。
- 请听老师讲……
- 好了,接下来是主题信息时间……
- 小组时间开始啦!
- 请分享一下,你在过程中学到些什么?

美国著名的历奇辅导工作者米歇尔·加斯博士(Dr. Michael Gass)在其著作中指出,解说是活动程序的基石,若没有合适的解说,该经验只停留为一项活动或游戏而已,若工作人员能恰当应用解说的话,则可帮助参加者有效整理体验,令参加者重新发现自己,继而整理自己在日常生活中的表达[1]。若想达到预期的效果,解说技巧非常重要。

解说(Debriefing)一词是外来的词汇,描述帮助参加者整理体验,可说是从“实践中学习”(Learning by doing)的历程,主要帮助个人或群体善用每一个体验为学习的机会,不管是平日的生活、工作、休闲活动或特别的体验,皆可达成学习和成长的目标。

在华人社会中似乎没有“Debriefing”这个相同意义的词汇,但翻查词典时却发现很多相关的词汇,如:“省”“反省”“内省”“吾日三省吾身”“发人深省”等;也发现解说的足迹存留于诗词、文学作品、山水画或石刻中,记述了当下的事件、意境和重要人物,故此解说在我们中国文化中亦是举足轻重的。

整理书稿时，我们搜集了不少与解说相近的词汇。由于本书集中展示在个人成长和人格教育方面如何运用解说技巧，我们就以罗贵荣博士（Dr. Roger Greenaway）曾把三个关连的词汇——反映（Reflection）、处理（Processing）、解说（Debriefing）——融合而发展出的一套解说技巧，作为解说的基础理念，并在下一章中详加阐释。现先介绍罗贵荣博士演绎的解说技巧所包含的三种角度：

一、反映（Reflection）

反映像一面镜子，人照镜子时可把自己的样貌映照出来。以反映来整理经验，就是省察体验中所呈现的信息，先从体验中抽取和辨别值得学习的地方。

二、处理（Processing）

处理是将反映而来的影像，进一步整理和总结有关的概念，就是给先前抽取出来值得学习的部分赋予意义，把值得学习的部分延展下去，使其成为积累的经验，并转化为我们生命的一部分。

三、解说（Debriefing）

透过发问，以协助参加者解释、说明有关的学习和经验。在不同界别中，解说是最常应用的，特别是发生灾难事故之后，受害者需要透过有素质的引导来纾解震撼情感。另外，在企业公布业绩报告，并随即召开未来一年的工作策略会议上，也十分普遍。

我们将以上三种角度结合在一起，统称为解说。应用时，工作者可以按处境的需要，发挥解说的独特之处。

注释：

[1] Priest, S., & Gass, Michael A. (1999). Effective Leadership in Adventure Programming. U. S. A.: Human Kinetics Publishers.

第 2 章 “解说”的主要概念

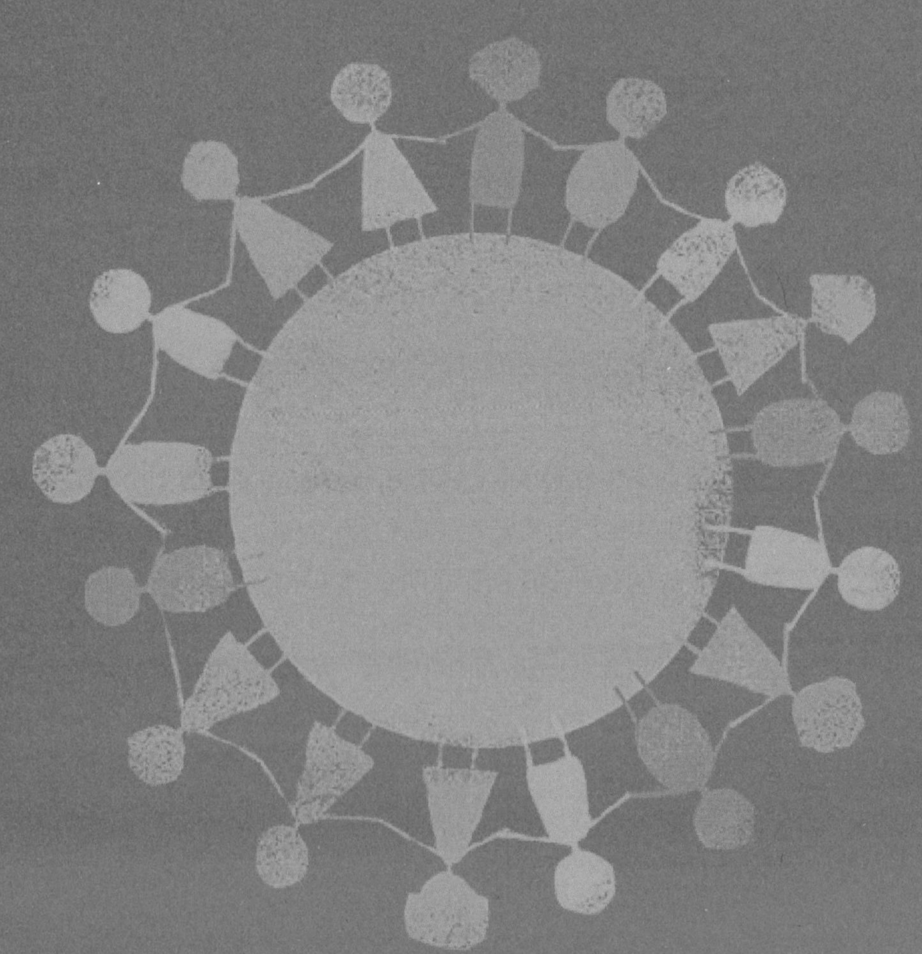

在展示如何解说前，大家需要先掌握一些基本概念，以便进行解说时更加得心应手。

解说是经验学习法(Experiential Learning)的重要环节。经验学习法可说是从实践中学习、边做边学的意思，有别于传统的教学方法，学习者并不是观察者般单单听人讲授。经验学习法对于青少年来说，是一个较好的学习方式。

经验学习法

过往我们讨论经验学习法的时候，常常看到外国文献引述："告诉我，我会忘记；做给我看，我会记住；让我参加，我就会完全理解。"(Tell me and I will forget. Show me and I will remember. Involve me and I will understand.)。原来《荀子·儒效篇》也曾说过类似的话："不闻不若闻之，闻之不若见之，见之不若知之，知之不若行之，学至于行而止矣。"

先哲们早已主张，有效的学习是从经验而来的。直至被喻为经验学习法之父——杜威(John Dewey)加以整理这种学习模式，即倡议："经验＋反省＝学习"(Experience plus reflection equals learning.)。

杜威这句精简的话，道出了先哲们的理念，重申经验整理的重要性。后来，高戴维(David A. Kolb)承接了前人的理念，建构出著名的经验学习法理论(见图2.1)。整个经验学习法理论包括了四个过程：具体经验(Concrete Experience)、观察反省(Observation and Reflection)、总结经验(Forming Abstract Concepts)及实践应用(Testing in New Situations)。[1]

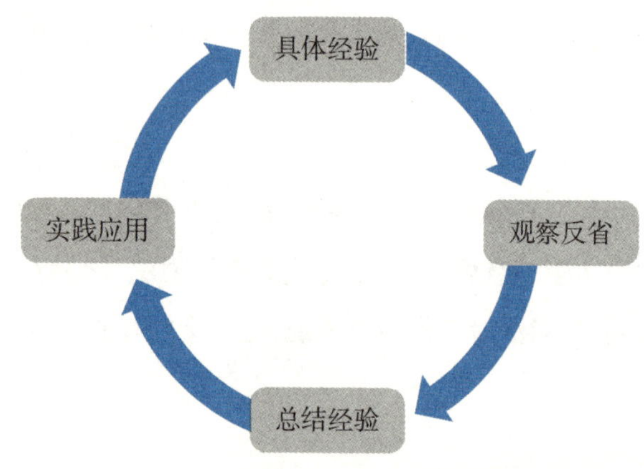

图 2.1　高戴维的经验学习法理论

参考数据：李德诚、麦淑华(2005),《整全的历奇辅导》(第二版)。香港：突破出版社。第 87 页。①

图文说明：经验学习法理论

1. **具体经验**——我们的日常生活跟很多人和事交织,有些是我们亲身参与的,有些是我们耳闻目睹的。我们在这些关注、触动的事情中,产生很多不同的经验。即使工作者订下活动场景和目标,但过程中因参加者的背景、能力、人际互动状态等不同,所产生的经验和效果,将会千变万化。

2. **观察反省**——主要综合和整理从经验引发的感官、思想、情绪、行为及意图方面所呈现的数据和信息。

---

① 本书参考数据照录原版书。——编者注

3. **总结经验**——参加者反省该次经验对本身的启发和意义后，必须以相关的理论、观念来引导思考和分析，总结该次经验。

4. **实践应用**——藉一连串问题(如：这些发现对我将来有何不同？有其他选择实践的方向吗？有何改变的途径？)来引导参加者把具体经验和新的启发转化成为与个人有关系的、有意义的学习信息，并在实践中去验证它的真确性。

经验学习法强调学习取向，所有学习以经验作为起点，透过观察和反省，深入处理和转化该次经验，成为与个人有关系和意义的学习信息，继而以实践来验证它的真确性，这亦成了另一个新的经验，引往另一次的经验学习法循环(图 2.2)。

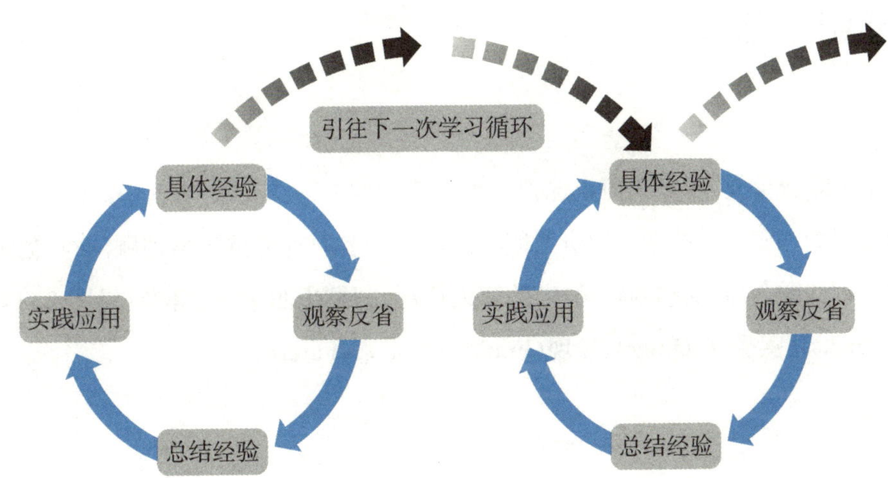

图 2.2　经验学习法循环

参考数据：Beard，Colin，& Wilson，John P.（2002）. The Power of Experiential Learning：A handbook for trainers and educators. U. K.：Kogan Page Ltd.

这个学习循环跟解说的活动十分吻合，可作为解说概念的思考大纲，而解说亦成了经验学习法的重要环节。然而，解说并不单在活动中应用。试问人生中每天均有无数的经验发生于我们身上，**若我们省察每个经验，加以整理，将可成为一种认识自己、迎接未来的能量，而这个学习循环就像旋转的陀螺一样不断前进，使我们的学习和经验可以不断延展**。

高戴维曾补充，这个学习循环不一定要从经验开始，而是循序进行，可按参加者的状态，于任何一个环节开始。只是，在我们近年的培训经验里，不惯于执行解说的工作者，确实较难掌握高戴维的"经验学习法循环"理念，故此我们选取了罗贵荣博士的"动感回顾循环（Active Reviewing Cycle）"作为解说的主要理念基础。

动感回顾循环

上一章曾提及，罗贵荣博士曾把三个关连的词汇——反映、处理、解说——融合而发展为一套解说技巧。罗贵荣博士是国际知名的解说技巧培训顾问[2]，**他把经验学习法融合为"动感回顾循环"的解说技巧，归纳出四个"F"环节（见图2.3）：事实（Facts）、感受（Feelings）、发现（Findings）、将来（Future）**。

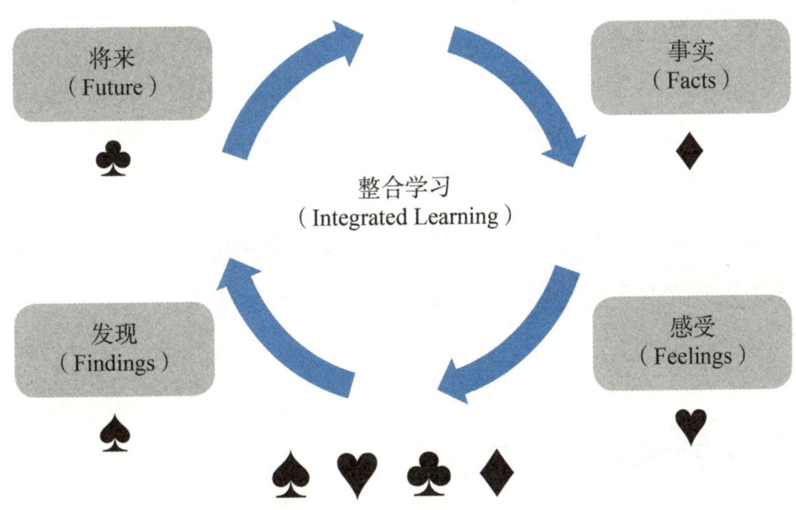

图 2.3 罗贵荣的动感回顾循环

参考数据：Roger Greenaway(罗贵荣)
网址 http://reviewing. co. uk/learning-cycle/index. htm

图文说明： 4F 回顾循环理念

事实◆——以钻石的坚硬和多折射面来比喻事实，因具体经验本身是不容置疑的，若从不同角度去看则有不同的看法和观察。在这环节中，参加者只需透过五官观察，就能描述发生的事件和经验，暂时毋须多作解释。

感受♥——以红心代表由心而发的感觉或情绪，表达在具体经验的过程中所有的情感触动处。在这环节中，参加者要超越一些表面、外观的描述，集中检视个人内心的感受及情绪反应。

发现♠——葵扇的形状像一个铲子，对寻宝的人来说，这工具是用来翻泥土掘宝藏的。在这环节中，葵扇象征我们要竭力探索自己的内心，并要总结经验对个人与群体带来的意义和价值(making sense of experiences)。

将来♣——梅花是多瓣的，代表我们的未来有很多选择和可能性。这环节专注于怎样把发现和获得的经验，转化和应用于未来的生活中。

"4F"之特色

- 通常从"事实"及"感受"开始解说，因为这些环节较易观察和展现整理活动历程；
- "发现"及"将来"环节是有关现今的发现及未来的应用；
- 工作人员亦可从任何一个"F"开始，关键的考虑因素是从参加者一个最为触动的"F"开始；
- "4F"不是单次使用的进程，而是循环使用，这将有助于参加者沉淀经验。

近年在我们的培训经验里，对于不惯于使用或初学解说技巧的工作者来说，**"4F"提供了一个精简的蓝图，展现了一个有系统的渐进流程，适合大部分参加者从较不切身的事实开始描述，也避免了他们的分享打岔或跑题，故此工作人员协助参加者整理经验时较易掌握。**

以下为一个运用“4F”的例子，以提问方式帮助学生深化经验。导师在解说过程中应尽量多聆听，多正面鼓励及表达支持。

处境：一班中学生在筹办班会 BBQ 旅行的过程中，因种种原因遗失了金钱，最后搞不成 BBQ。同学们都很失望，但大家都深觉上了宝贵的一课。

◆事实(Facts)

- BBQ 的款项是如何遗失的？
- 谁人曾经接触过这笔款项？
- 遗失这笔款项时，有哪些人牵涉在其中？你担任了什么角色？
- 大家做了什么补救行动？
- 哪些说话令你印象最深刻？
- 遗失这笔款项后，你观察到其他人有什么反应？

♥感受(Feelings)

- 遗失这笔 BBQ 款项后，令大家期待的联欢活动告吹，你现在的心情怎样？
- 负责管理 BBQ 款项的同学，感受如何？

- 遗失这笔款项后，哪段时间最不开心？

- 有哪些说话令你觉得最难受？

- 有没有谁的感受被忽略了？

♠发现(Findings)

- 在遗失 BBQ 款项的整件事上，你认为大家有什么新的学习和体会？

- 从同学分工合作的处事模式中，你发现自己属于哪类人？

- 处理遗失 BBQ 款项的过程中，谁是你最欣赏的？谁是令你最厌烦的？为什么？

- 在这件事上，你对整个群体有何评价？

♣将来(Future)

- 若再重新筹划 BBQ 活动，你的处理方法会有何不同？

- 遗失 BBQ 款项这件事，对你将来待人处事有何影响？

- 经过这件事，你觉得全班同学在哪方面要改善？

每当你进行解说时，最重要的是“人到心到”，深入体会参加者的处境，灵活运用“4F”。我想，最高境界是“手中无剑，心中有剑”，即你已挥洒自如地应用解说技巧，按照青少年的状态，于任何一环节入手。

注释：

[1] Priest，S.，Gass，Michael A. & Gillis，L.(2000). The Essential Elements of Facilitation. U.S.A.：Kendall / Hunt Publishing Company. pp. 88 - 89.

[2] 罗贵荣博士曾任教师多年，致力培育青少年人格教育，后来担任英国爱丁堡奖励计划研究工作多年。他的解说技巧变化万千，其丰富的经验和著作在业内产生了重要的影响。他亦乐于与人分享，有兴趣的话可浏览他的网址：http://reviewing.co.uk/_site.htm。

第 3 章 解说工作者的特质与信念

这一次的增订版，笔者特意加上这部分，是给解说工作者的"心法"。很多青少年工作者，用了很多时间做活动的设计，希望把整个活动带领得有声有色，却没有把解说做好，白白浪费了很多宝贵的学习机会。就算有机会解说，可能也不懂怎样处理一些场面，或不知道怎么与学生解说，但相信我们若具备这些特质，青少年会被感动，会感受到你是一个有心的工作者；随着时间的磨炼及工作者不断地学习，技巧一定会有所提升。

如果解说者留意一下个人的特质，准备自己，相信可以带领得更好，让参加者感受到他的热情，在过程中看见更多学习的重点；遇到困难时，无惧挑战，常常创新，用新的方法带领不同需要的受众。用自我察觉及开放态度去带领小组，这也是一个示范，引领青少年更多分享自己。

解说工作者个人素质

一、全心投入，怀着热诚

我们在带领活动时，既重视活动，同时重视人，也需要重视当中的过程。在带领活动过程中：简介(Briefing)，带领(Leading)，解说(Debriefing)都需要全情投入的运用"五到"，才可以全心投入，怀着热情去解说。

眼到	观察学员的表情及状态，随时对活动有所调整。
口到	用合适的语言、语速带领小组解说及鼓励学员互动分享。
耳到	聆听学员在小组中及组外的分享，也聆听他们的弦外之音。

续 表

手到	在活动中积极参与,但也需要在适当时“放手”,让学员更多地参与。
心到	用心去感受学员“没有说出来”的需要,尝试去理解明白。

二、重视过程,重视努力

老师及社工属于助人行业,但很多时候在带领活动时,都会挣扎于最要紧的是“活动”抑或是“人的需要”,还有要把握“过程”抑或“结果”。其实两者都有着互动关系,促进学员成长。有的时候,活动结果“成功”,但过程很勉强,大家都敷衍了事,成功了也不见得光彩。这是“失败”的成功,事后大家都感到不是味儿。但有另一种情况,活动最后的结果是“失败”,过程很辛苦,但因为大家的努力,最后心中很愉快,团队共同感觉收获很多。我们可以称这是“成功”的失败,大家虽然在活动中失败了,但在艰苦中赢得了友谊,体验了深刻的经历,大家心中深感满足。带领解说者要在解说过程中,对这一过程及学员的努力表达肯定。

三、自我觉察,察人察组

观察小组解说有三个维度:观察组员个人需要,观察小组的过程,及自己内心的察觉。前两部分,常常会同时并且比较容易进行,但对自己内心的察觉,则比较容易忽略。作为一个带领解说的工作者,要勇于察觉自己对所发生的事情的情绪反应,内心的期待及渴求(详细见页64—65自觉轮的介绍)。如此我们便没有那么混乱及迷茫,起码意识到问题是源于自己、组员,还是活动本身,也可能三个因素都具备。

例如：学员表达沉闷，没有兴趣，你可能觉得自己很失败，同时发现为了满足他们的需要，自己有讨好组员的倾向。经过自己内心的察觉后，不再讨好组员，反而调整活动的方法，让他们觉得更有趣味。

这种自我察觉及常常反思是每一个带领小组的工作者都需要拥有的素质，对自己内心状况极其敏锐，才能及时和随时修正自己的思想及行为。

四、 态度开放，放下防卫

带领小组解说时，都会面对学员“突然而来”的响应。**工作者需要持开放态度，同样也需要有勇气面对自己。勇气是愿意冒着自尊受伤的危险，同时也能承认自己的错误及不完美。**

例子：经过大半天辛苦准备活动的导师问组员：“大家对今天的活动有何感受啊？好玩吗？”

学员 1：“没感受啊！”

学员 2：“不知道你讲什么！”

这时候，工作者不要动怒（虽然可能很伤心），但同时需要放下防卫，活动好像对他们来说不太吸引……也可能他们不懂表达。

“谢谢你们的意见，可能有些同学暂时不想分享，同时我也看见一些同学在活动中坚持。我想问×××，你当时是怎样坚持下来的？有没有想过放弃？最后小组做了什么让你坚持下来呢?”

当你放下防卫以开放态度对话,信任就慢慢建立起来了。

五、无惧面对,受教时刻

在解说过程中,往往有意料不到的,突然出现的“受教时刻”。这是很好的解说时机,工作者应该有勇气把相关事情提出来,让大家一起面对。举个例子:六个小组完成了一个运球活动,其中一个小组连赢几次,但是组员好像不太开心,也有一些组员埋怨其他组员。后来导师知道,原来有人犯规,按规则是应该重新进行活动,但他趁着导师没有看见,把球捡起来。导师最后鼓起勇气,让学员各自表达自己的心声。最后他们全组愿意把分数取消,承担后果,全场的其他小组知道了,都鼓掌表达欣赏。作为解说工作者,如果没有这份勇气,很容易将这事轻轻带过,也白白错过了一个好好解说及让学员成长的时机。

六、创意工具,鼓励探索

一个喜欢解说的工作者,需要在解说过程存好奇心,看见不同的东西时,触发灵感,加以运用,帮助学员更有趣、更清楚地解说。

在平常生活中,可以收集一些图片或明信片来说说感受;可以收集不同小瓶,在整理活动后,让大家用这些小瓶来表达对不同组员优点的描述。或以不同贴纸来表达不同的状况及感受,用不同的贝壳代表不同的组员。

除了收集不同的物品外，4F 其实还有另一个 F：(Free)即自由、创意及一些非常规的方法。例如：带领一次亲子的活动时，我鼓励他们表达这次活动有没有增进他们家庭的关系。我没有什么物资，于是邀请坐在草地上的他们，脱了鞋子，以中间的距离来代表他们在活动中增进关系的程度；大家很开心地脱鞋，放在适当的位置，然后大家都接着分享……创意背后，当然是鼓励他们更多地自我探索。

一个好的小组带领者，相信也会是一个有素质的解说者。他们与一个有素质的辅导员同样需要具备一致(Congruence)、真诚(Genuineness)、无条件尊重(Unconditional Positive Regard)和同理心(Empathy)等[1]。这些素质不是短时期学习可以得到，而需要你生命的阅历、反思及顿悟。**一个很愿意帮助别人解说的人，相信同样也是一位很愿意对自己人生解说、反思及觉察的人，并且在当中顿悟人生的各种讯息**。

对青少年的信念

一、青少年都有独特的价值

每一个人都是独一无二的，没有人可以取代。各人的性格、兴趣、能力及学习方法都有不同，**进行解说的时候，我们也需要相信并且运用不同的方法引领不同的人，并按着他们的性格，作适当的调整**。

二、青少年都有可待发展的潜质

年轻人有很大的发展潜力，可能现在他们不愿意分享，也不愿意参与活动或成长。但我们仍相信他们还是有可待发展的潜质的，一些可能连他自己还未确定的潜质，需要**我们与他们一起慢慢去发掘出来**。

三、青少年都有自我反思的能力

青少年有时好像什么也不愿意去想，但有时却陷入沉思中。我们观察到，有时成年人要求他们想的东西，他们不愿意去想，也可能暂时没有兴趣去想，而不是他们“不懂得”去想。**我们相信青年人的思考是活跃的，我们的挑战是怎样去陪伴他们，引导他们想多一点，想深一点**。

四、青少年都有理解及解决自己问题的能力

青少年面对问题，总有一套理解及解决问题的方法，**很多时候，是我们“成年人”不愿意放手让他们去处理，不愿意相信他们的能力**。虽然在这磕磕碰碰的过程中，或许我们对他们有些怀疑，但我们不也是曾经这样“失败”吗？只是当时有人给我们机会，让我们在磕磕碰碰中成长而已。

五、青少年都有不同的学习方法

学习方式有很多种，有人喜欢看文字，用逻辑思维去学习（视觉，visual）；有人喜欢用耳朵去听，去享受，吸收及了解（听觉，auditory）；也有人用手去触摸，亲身去体会感受（触觉，kinesthetic）。**我们在带领解说时，也需要尽量涵盖不同领域的学习方式，让不同学习方式的青年人都可以乐在其中，得以表达及发挥**。

六、青少年都有多元智能

多元智能一词是由美国心理学家霍华德·加德纳(Howard Gardner)在 1983 年出版的书籍《智能的结构》(*Frames of Mind*)中正式提出。加德纳认为智能是一个复杂而且多面向的现象,他已发展九种多元智能:分别是“音乐智能”“肢体运作智能”“逻辑数学智能”“语言智能”“空间智能”“人际智能”“内省智能”“自然探索者智能”及“存在智能”。**设计解说分享活动时,如果考虑他们不同智能,加以配搭,效果一定更理想**。

七、青少年基本上都愿意成长

青少年真的有这倾向吗?看过一幅图画,一根小草要突破泥土,往上生长,连一块大石头都推得开,由此可以看出成长力量有多大。**我们需要有这个确信,相信他们有这能力,他们可能只是暂时受限制,不知道用什么方法突破成长的挣扎,他们需要的是多一点认同感,多一点支持**。

八、只要有安全的环境,青少年都会自发地成长

当遇上很多面对困惑的青少年时,我们都会怀疑,他们真的希望成长吗?实际上,我们很感慨青少年成长的路上,实在有太多的障碍,例如:家庭、自我形象、社会机会、别人评价,以致他看起来,像“不愿意”成长的样子。**当他们突破了这些障碍,他们便会一步一步地成长**。

九、关爱、赞赏能助人成长

上一代很多时候都在责备、批评中成长，做得对，做得好是合理的，做得不对，就被责备了。一个有爱，有赞赏的地方，人才可能有安全感，脱下防卫，真诚相对。**工作者需要先跨越自己的成长障碍，学习多赞赏，多肯定，让青少年在一个有安全感的地方，去分享及解构自己的成长蓝图**。

十、生命影响生命

是什么触发我们的生命改变？**价值教育理念提出："心动，力变，事成"**。**一个人受另一个人的生命感动，心中带来触动、激动，进而延展很多的沉淀反思**。在鼓励的文化下，他们的能力会慢慢增强，那么，要完成的事，或是需要改变的一些不理想行为，才可能一步一步改变。

注释：

[1] 个人中心治疗(Person-Centered Therapy)是由罗吉斯所创立的一个心理治疗取向。它强调人的正面成长和发展，并且非常着重治疗师本身的态度如一致(Congruence)、真诚(Genuineness)、无条件尊重(Unconditional Positive Regard)和同理心(Empathy)等，而非治疗的技巧。

第 4 章 如何抓住“解说”时机?

若要把握解说的机会,工作者必须坚守空间(SPACE)原则。这包括：足够空间(Space)、正面取向(Positive Orientation)、专注聆听(Attentive Listening)、尊重抉择(Choice)及鼓励交流(Exchange)。

打开心窗

一、足够空间(Space)

1. 评估参加者身心状态,避免在过于疲累、精神涣散、情绪不稳等状态时进行。

2. 进行时间要适中,切忌急赶或过于冗长。若真的需要延长时间,要先知会参加者。

3. 留意地点安排,如室内/户外的气温、光线、声浪等要适中,布置与座位安排舒适,不受骚扰,没有障碍物。

4. 进行前必须先建立信任氛围,留意保护参加者的身心安全。

5. 必须以平均参与为目标,为较内向的参加者提供参与空间。

二、正面取向(Positive Orientation)

1. 分享时要言词中肯,不容许语言攻击。

2. 以欣赏为解说的取向，禁止任何嘲讽的话。

3. 观察与评论时要真诚无伪，态度要开放接纳。

4. 禁止任何形式的暴力。

三、专注聆听（Attentive Listening）

1. 尊重发言者，每次只容许一个人说话，其他人保持安静。若要发言，先让发言者说完，才可精简响应。

2. 留意发言者的声调要适中，确保每一位参加者能清楚听到。

3. 工作者须专注聆听，给予发言者非言语的回应。

四、尊重抉择（Choice）

1. 容许参加者有权选择是否发言。

2. 尊重参加者选择分享内容的多少或深浅度，切忌强迫参加者毫无隐瞒地和盘托出。

3. 获得当事人的允许才能进一步谈及有关的议题。

五、鼓励交流（Exchange）

1. 每个人都有发言的机会，切忌一言堂。

2. 澄清各人的角色和责任，鼓励聆听者给予发言者意见和响应。

3. 交流的核心是参加者，并非工作者。

4. 容许不同观点，目标是彼此支持和鼓励，并不是解决问题。

如何避免“注水”?

由于参加者并不习惯在人前流露个人看法或感受，每当解说进行期间，参加者容易回避分享而闲谈或胡扯。**故此，工作者进行解说时必须有维度，引导参加者进入有关的主题**。

工作者要清楚策划解说的主线，并留意参加者在过程中曾出现的触动时刻，也要不断从过程中评估数据（如参加者的身心状态等），抓紧配合解说维度的时机，工作者才能有效地把体验转化为具有意义的学习机会，让参加者有所获益。以下是有关进行人格教育及成长要素时的解说维度和注意事项：

一、开宗明义

活动开始前已跟参加者制订规则，以及简单示范，让参加者了解解说是过程中的一部分，需要他们开放和愿意分享自己的看法和感受。活动期间，工作者可不时作一些简短的解说，使参加者开始熟悉整理和表达经验，当一些重要时刻需总结体验时，他们已有足够的经验和信息内容进行分享。

二、持守目标

工作者要时刻留神，不要让参加者的分享跑题，或是被自己感兴趣的话题扯开。**因此，在解说时工作者必须聚焦，不断评估所整理的经验是否与目标相关连**。若参加者已跑题，不妨提醒他们，重申主题和焦点。

三、与情境配合

要注意的是，情境能否融合活动的目标，并且是否能配合参加者此时此刻的需要？ 此时此刻的经验对参加者是否重要？每位参加者能否运用上一项目的经验而紧接下一环节的进程？如：参加者刚学习到作为领导的技巧，配合学以致用，整理环节便要集中于如何实践领导的风格、态度、步骤和注意点。这些数据工作者必须优先考虑。

四、与现实相符

若体验与真实生活相符，便成为一种参照，可免除仿真情境制造出来的虚构学习或发现。例如参加者在野外露宿，学习到如何面对黑暗和恐惧，当他面对现实中的困难而出现恐惧时，便能参照露宿的经验，勇于面对困难。

五、全人发展

选择解说的焦点维度时，注意能否配合参加者多元智能的发展，包括：语文智能、逻辑数学智能、空间智能、音乐智能、肢体动觉智能、人际智能、内省智能、自然观察智能等。这方面的资料可参考霍华德・加德纳提出的多元智能[1]。另外，**工作者亦应尽量在解说过程中启发参加者之六感，包括：视觉、听觉、味觉、嗅觉、触觉、直觉，以增强对周遭事情的敏感度及创意的联想**。

六、建设性

工作者示范如何具体描述各人的建设性行为或态度，如当事人的团体合作精神、领袖才能、真诚态度等等，可让各人有可参考的词汇描述自己或他人。工作者在解说过程中若能坚守“空间”的原则，可帮助化解群体间的敌意、挑剔及隔阂，建立参加者欣赏自己并继续发展自己的素质。若过程中出现非建设性或伤害性的分享时，工作者要立即制止，以保护每一位参加者。

七、预留整理经验空间

解说过程是个沉淀整理的时刻，故此**工作者必须预留充裕的时间和空间**，带领时也要灵活调节，切勿急于求成，否则就难以抓住“受教时刻”，把参加者宝贵的经验付诸流水。

八、善用参加者的能力/资源

一位善于以绘画表达自己的参加者，可运用自己独特的能力/资源来整理经验，同时也可刺激及丰富其他参加者的想象力。故此，**工作者必须协助参加者善用自己的专长来整理经验，扩展探索的维度**。

解说中的做与不做(Dos & Don'ts)

你可快速检查自己是否清楚解说的原则和注意事项：

Dos（多做无妨）	Don'ts（少做为妙）
• 焦点在组员	• 焦点在工作者
• 工作者少说话，多给组员分享	• 工作者不断说教
• 让组员自己说话	• 为组员代言
• 表达具创意	• 因循/规格化/要求标准答案

续

Dos(多做无妨)	Don’ts(少做为妙)
• 解说不断进行	• 只在完结时才进行
• 表达正面	• 表达负面
• 安全环境与气氛	• 不安稳环境和气氛
• 要完成的项目切合组员的能力	• 要完成的项目超过组员的能力
• 让组员自行选择分享	• 勉强组员分享
• 保护私隐	• 泄露私隐

图 4.1　解说中的做与不做 Dos & Don’ts

注释：

[1] Gardner，Howard (1993). Frames of Mind：The theory of multiple intelligences. U. S. A.：Basic Books.

第 5 章 如何把宝贵经验转化成学习成果?

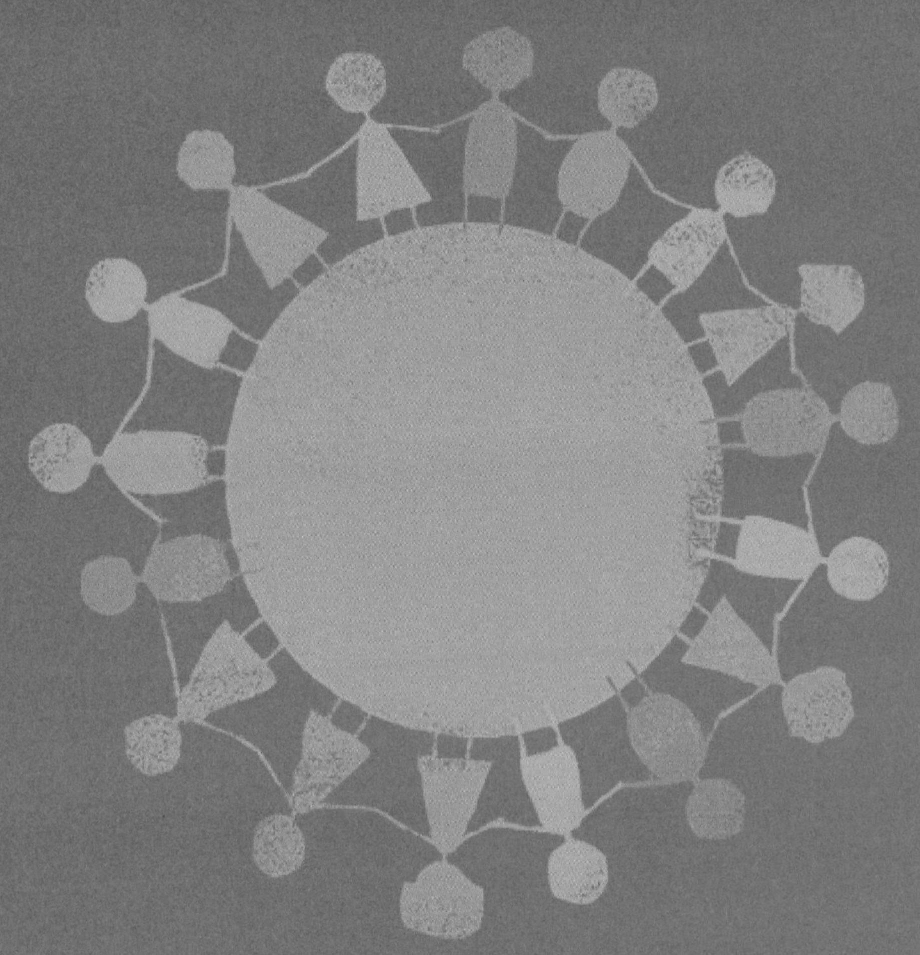

俗话说,学校是个容易展现优胜劣汰的地方。虽然学校网页或宣传页中声称鼓励学生“五育”并举,但大部分的决定因素只落在学业成绩方面,而且最终多只看结果,谁真正考虑当中的学习过程、学生付出多少的努力和获得多少进步?不达标就是不达标。

教育过程 VS 学习结果

我曾任职教师十多年,在学校任教正规课程的科目,见过不少付出努力仍未能达标的学生。后来加入青年发展基金,虽已离开教育界,却深觉自己仍担任教育工作,只不过负责的是非正规课程而已。在非正规课程中,重视的是活动过程,并非结果;要学习的是一些重要的价值观念和态度,是实现全人发展的目标。即使简单如是否完成活动、是否达到预期的目标,都蕴藏很多学习要点,只要透过不同的解说技巧,活动背后的信息就可像剥洋葱似的逐层剥落。

学生若在体验活动中遇到挫败(不能完成活动),却从失败经验中学到“功课”,那就是一个“受教时刻”;当学生在过程中认识自己,更多学到怎样与人配搭,怎样坚持完成任务,他们在人生旅程上即取得“小成功”了。若学生在不同阶段、不同范围内均累积起这些小成功,其生命将充满成就感,在步向人生不同的冒险历程时将更有力、更有信心。

可惜,青少年在学校的正规课程中较少有机会得到这种成就感。若教师能运用解说技巧帮助学生在非正规课程中延展更多的学习要点,累积成就感,青少年将更有毅力去面对未来的挑战。

但是，校园内真的有运用解说技巧的机会吗？

学习要点随时出现

在学生时代，我已深信课本知识之外的世界还有很多丰富的、可以更深体验生活的学习空间。但在我多年的教学生涯中，却花了很多时间去备课。这固然是必须的，但我发觉一些学习困难的学生，在社交及情绪上的困扰往往影响了他们的学习能力。而我身为老师，亦未有足够的训练和信心去处理这些问题；即使在课堂以外尝试捕捉学习要点，也缺乏深刻的体验。

现在回想起来，学习要点确实随时会出现。**当年我若能把握时机，捕捉到每个受教时刻，把学生丰富而深刻的经验延展为个人素质、价值和态度的学习要点，相信教的和学的都能经历更有意义的成长**。有一次正是因为我不懂处理，致使部分学生积压了很多不快的感受，对群体有很多猜疑，最后整班的气氛也僵住了。

那一次是我在早期任教的学校举办一年一度的班际歌唱比赛。当时我任教的那班中二学生大多想参加，只有小部分同学不合群，时常闹着不练歌，每次练习都迟到，令班内一些同学不满。后来，经过多次练习，在班会主席带领之下，竟然意外入围决赛，全班士气大增，班会主席便鼓励全体用心挑战决赛。不过那一小撮同学仍不合作，常常缺席练歌。经过我的提醒和劝诫，那一小撮同学勉强出现了，但表现消极，令部分同学很不高兴，常出言揶揄那一小撮人。最后的比赛结果，我班以几分之差输了，大部分同学都很泄气，有些更是哭了起来。

作为他们的老师，我的感受也十分混乱，只因自己未有这方面的经验，也没有足够能力、信心和勇气去处理这个场面，大家亦不知该说些什么。站在他们面前，我除了安慰说“不要紧，尽力便是了!”之外，已不懂该怎样处理他们复杂混乱的情绪。后来没有人再谈论，这事便不了了之!

当年的情况就如一句话：“深刻体验未经适当表达和转化将会引致郁结”(Impression without expression leads to depression.)。若能时光倒流，我所学会的解说技巧可怎样派上用场呢? 我会怎样运用“4F”，把挫败经历转化为抗逆力的学习要点呢?

如何处理复杂思绪?

我想出几个不同的方法，去处理那班中二学生的复杂情绪，把泄气的经验引往累积“小成功”的“受教时刻”。例如：

- 告诉同学这是一个很宝贵的学习经验，鼓励他们在周记中写下对整个活动的感受、体会和学习；
- 用一节班主任课，重温歌唱比赛的一些片段，然后邀请同学分享感受；
- 先赞赏他们曾付出的努力和认真的表现，鼓励他们分享对这件事的正面和负面感受；
- 运用“心情指数”的方法(参见页 68)，标记他们比赛前和比赛时不同的心情变化；

- 以一些引导问题，帮助同学反思整件事对他们个人及群体的冲击；
- 鼓励他们将感受写在“4F”解说纸上。

“4F”解说纸题目

◆事实(Facts)

- 歌唱比赛的整体过程中，谁付出最多时间？谁做了些令你感动或愤怒的事？
- 整项活动筹备了多少时间？练习了多少次？
- 哪次练习是全体出现？哪次最少人出现？
- 谁说了哪些话令人愉快、愤怒、忧愁、惊喜？

♥感受(Feelings)

- 练习过程中曾出现什么感受？
- 哪些感受最为强烈？
- 有没有哪些人的感受被忽略了？

- 你最不想哪些感受出现？为什么？

♠**发现(Findings)**

- 你对自己在群体中的整体表现有何评价？
- 你是个愿意与群体合作的人吗？
- 你对今次决赛落败有何体会？
- 你对班中同学有何发现/体会？
- 同学中哪些表现是你欣赏的？
- 哪些行为是你最不想出现的？
- 你在群体中有什么角色？是领导者/附和者/反对者/独裁者/“骑墙”者？

♣**将来(Future)**

- 经过这次活动的经验，你在日后与他人合作时，会有哪些不同的处理方法？
- 未来，你在群体中最想扮演哪个角色？
- 若整项活动重头来一次，你预计将有什么不同的情况出现呢？

把经验延展为学习材料

学校从来都是充满不同经验的地方。尽管很多时候，我们责备学校/教育制度扼杀学生的思考和创意，但很多宝贵的学习历程，往往在非正规课程中发生。

有一次我与中学老同学聚会，大家翻开旧相片，很多话题都是环绕一场话剧比赛的搞笑、开心事件，还有穿着白色和蓝色的“旅行服装”，当时觉得很土气，很不满学校的安排，但这些经验现在却带来很多丰富的回忆。这些非正规课程的片段，也是我们成长的标记，一些刺激我们反思的素材。

很多时候，人是在不同的挫败经验中成长的，我们作为青少年工作者也不例外。我在那段经验尚浅的日子中，即使不懂什么解说技巧，却仍以一颗简单真诚的心与学生交往；虽然称不上是个很能干的教师，但我是个爱学生、关心他们成长的老师。单是这一点，就比只懂运用技巧而不去关心他们更优胜，更能帮助他们成长。

我们各有自己的局限，今时今日，我的挑战是懂得怎样运用技巧的同时，仍保持对青少年的爱心不变，继续持守当初那份热诚——让学生得到全面发展。

第二部分
应用篇

第 6 章 自我发现

“自我”是个很抽象的概念，看不到、触不到，也难以准确度量。理解自我就像描绘一幅复杂的心灵地图，但我们可藉此较有系统地明白及发现真正的“我”。

主题概述

学者道恩·哈马克(Don Hamachek)把“自我”定义为：(1)一个个体(self as an object)，是一个客观的东西，可待研究，且每次都有新发现；(2)一个过程(self as a process)，是一个有时间性、不断演变的过程。

简单来说，“自我概念”就是我们在特定的时间里怎样看自己，是我们对自己所持的一套观念和态度的组合。心理学家谢夫尔森(Shavelson)提出的“自我概念”包括以下各方面的“我”：

1. **身体的“我”**(Physical Self)——包括自己的外形和面貌是否具有吸引力、高矮肥瘦、身体各部分比例是否协调，还有体能之高低。

2. **学业的“我”**(Academic Self)——包括语文，掌握数字、科技的能力及各学科成绩，记忆、创意、解难等各方面的能力。

3. **社交的“我”**(Social Self)——包括是否合群、对人是否大方得体、与人相处及社交之能力。

4. **道德的“我”**(Moral Self)——包括个人品德、自律与操守方面的能力，是否有服务他人的精神。

5. **家庭的“我”**（Family Self）——包括个人在家庭中的排行次序、家庭经济状况、家庭成员之间的关系。

可以说，自我概念是以上所有意识中的“我”的总汇，而它的一个特色是不稳定的，是可以改变的。**尤其在儿童及青少年发展阶段，自我概念会随着成长经验、旁人的正面和负面评价、个人与社会环境互动的影响而转变，至于改变程度，视乎个人接纳这个“我”有多少**。

按发展心理学家艾力逊(Erik H. Erikson)所指出的“人生八个阶段”，青少年阶段(约在12至19岁)将经历自我身份(self identity)认同的进程。青少年若在这阶段有更多正面的自我发现，则自我身份得以确立，更清楚自己要肩负的角色和任务；相反，则陷入身份角色混淆之中，常为迎合别人要求而不清楚自己的能力和需要，于是将会经历不同的成长危机。

自我身份确定的青少年	角式混淆的青少年
• 充满信心和毅力	• 做事常敷衍了事，无法专注
• 行为表现自然而真诚	• 一直弄不清自己内心的真正感受
• 内心平和，情绪稳定	• 虽然内心不安，仍竭力表现若无其事的样子
• 了解自己的能力，也知道自己的目标	• 为迎合别人，不得不掩饰或伪装自己的情绪和感受
• 对自己的性格及人生观引以自豪	• 常喜欢同时参与多种活动，以致没有一件事情能够做得好

图 6.1　自我身份认同的两极表现

人每天都会对“自我”有新的发现，不论在有意识或无意识下，都一直进行。**我们透过很多不同的解说活动，期望青少年能扩大自知自觉的范畴，而不是活在知而不觉，或不知不觉之中**。

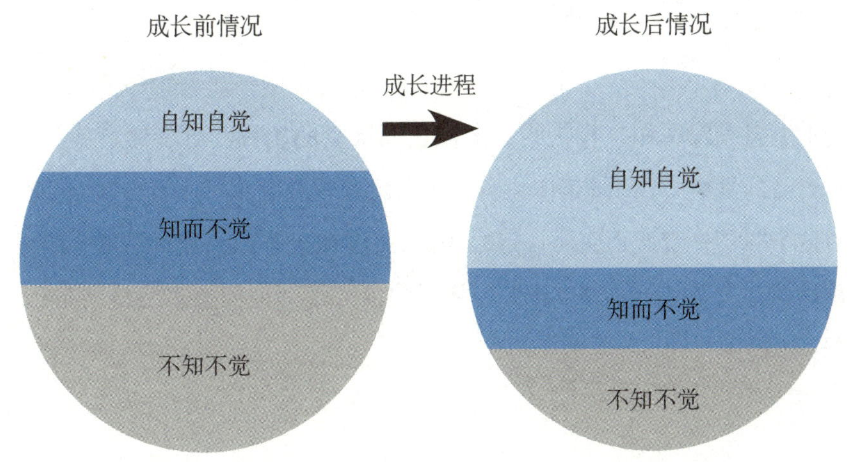

图6.2　自觉的三个层次——在成长期之分别

参考数据：李德诚、麦淑华(2005)：《整全的历奇辅导》(第二版)，香港：突破出版社，第56页。

故此，老师或社工若可藉由学校或社会服务机构筹划的活动，把握体验过程的受教时刻，加以解说，青少年就有更多机会从中发现自己。

扪心自问——自我认识带来改变?

当青少年有更多自我发现，更明白自己的强与弱、身份或角色后，是否等于更接纳这个“自我”呢？很多前线工作者见到青少年完成很多自我认识的活动后，仍然会有层出不穷的行为问题而感到非常沮丧、无奈。工作者可能有一个假设：一个人自我认识更多，就会改变那个“旧我”的行为。

一、自我发现带来自我接纳？

基本上自我发现和自我接纳是个漫长而反复的历程。更多的自我发现可以提升对自己的觉察力（self-awareness），在意识或理论层面上达至自知、自觉，但不等于对这个“我”一定有正面而肯定的评价，关键在于是否愿意接纳这个自己。工作者帮助青少年发展自我的同时，可从不同角度帮助他们更多地接纳自己，提升自尊感。

二、自我发现何时才完成？

扪心自问，我做了几十年人，稍微具备一些辅导成长理念，又累积了一些相关的体验，现在的这个“自我”完整发展了没有呢？我想，我比十年前的“我”进步，对“现今的我”有更多发现，对自己的优点和限制也有较多的认识和接纳。心灵状态好的时候会心情愉快，但偶尔也会感到自卑，不想接纳某部分的“我”，这种内在张力常常存在。其实每个人都在追求更多和更深的自我发现，却又同时在接纳或排斥不同层面的“我”。**有研究显示，若有一个安全及关爱的环境，青少年会更有信心去敞开自己不同的面貌，也更愿意去发现不同的自己**。究竟我们跟同学解说时，是否提供了这样的安全及关爱空间？

三、自我发现后为何依然故我?

青少年“内心的我”有否转变，我们其实不知道，也未敢肯定；即使他们内心真的转变了，但表现出来又可能是另一回事。另一方面，**青少年的行为表现与环境是互动的，他的行为与真正的想法可能已有距离**。例如浩文知道自己很注重外貌，常期望以“有型”外表去肯定自己，提升自我形象，但学校往往不想学生“标奇立异”；浩文染发、穿着“有型”往往与校规出现冲突。他亦可能不想犯校规，但觉察自己真的需要这样表达。事实上，在两难之间要作一个智慧的抉择实在不容易。

四、可以寻找到“真”我吗?

参加者在“游戏见真我”的活动中经常问：怎样找到“真”我？若真的有一个“真我”，那是否表示有一个“假我”？

真真假假，有时很难分辨。家庭治疗大师萨提亚(Virginia Satir)在《我的许多自己》(*Your Many Selves*)一书中描述，“自我”有不同的面貌：“公开的我”与“隐藏的我”“别人眼中的我”与“自己眼中的我”，“理想中的我”与“现实中的我”……。若每组的两极较接近，那个“我”就会较自如和愉快。若每组的两极南辕北辙，那个“我”则很分割，充满矛盾，并不畅快。**工作者带领体验活动的目标，就是让参加者从游戏中以另一角度认识这个不同层面的“自我”，期望他们可明白与接纳自己呈现不同的面貌。**

受教时刻——重寻生命本质与意义

以下介绍的十个解说项目，是一个沉淀整理的时间与空间。青少年确要藉更多不同体验活动去认识不同的“自我”，故此工作者解说时的提问重点应在于：

重点发问

- 事实：过程中，你对自己有什么观察？你有什么行为出现？你贡献了些什么？你听到/讲了哪些深刻的说话？你出现什么反应？
- 感受：你有什么感受？你的情绪有什么反应？
- 发现：对自己有何新的发现？
- 将来：今天你对自己的发现带来什么启示？

1 变幻天气图

体验目的	组员选取有关的天气信号图像，可具体表达在过程中的变幻心情。
运用步骤	1. 先将天气信号图像制作成图片卡/工作纸。 2. 每位成员选出一张最能贴切形容自己当下状况/心情的图片卡。 3. 轮流分享他们所选择的图片和所代表的状态/心情。
整理经验	◆ 哪张图片最能代表你的状态？ ♥ 可以描述一下你的心情吗？ ♠ 你满意自己这个状态吗？ ♣ 若可改变的话，你期望状况变成怎样？
走进教室	成长课/班主任课 课间休息过后，或完成一些深刻经验的课外活动后，同学都有不同的感受及情绪，但当老师询问他们的感受时，他们却支吾以对。哈佛大学教授丹尼尔高曼(Daniel Goleman)在《情绪智商》一书中提出，要有效管理情绪，首先要觉察自己的情绪，并能将它表达出来。“变幻天气图”因图像多样化，能以表达我们变幻的心情，故此鼓励同学两人一组，或请一两位同学分享选取的图像，以表达当下的心情。这是个情意教学(Affective Education)的好时机。

材料：天气信号图像(见页54)。

场地： 

时间：20分钟

图 6.3　天气信号图像①

① 暴雨警告信号，以颜色区分雨势强弱，黑色>红色>黄色，依次显示雨势大小。火灾危险警告，红色>黄色。来源：香港天文台。——编者注

2 称赞不停

体验目的	从别人选取的小纸条来理解自己；藉选取小纸条使组员来理解他人。
运用步骤	1. 可把形容词制作成小纸条/小卡/工作纸。 2. 每位成员为各组员选择一张最能贴切形容对方的小纸条。 3. 将小纸条交给各组员。 4. 组员轮流分享收到小纸条的感受。
整理经验	◆ 将收到的那张称赞小纸条按喜欢次序排列，你会如何排列？ ♥ 当你收到不同的称赞（有些可能是不合意/不贴切的）时，你的反应是…… ♠ 收到这些赞赏，你对自己有何新的认识？ ♣ 你还希望得到哪些赞赏？
变化	• 可把词语印在贴纸上，互相送赠。 • 可以以工作纸形式，请他们写自己的名字，交给同学在上面打√（参考页82）。
走进教室	学期中/学期终 以前当老师的时候，在学期中段或终结的时候，我邀请同学及老师可互相表达欣赏。每人一个信封，写上他们的名字，传给班中每一位同学，请他们把对那位同学的响应，写在小纸条上，放在信封中。最后大家从别人对自己的响应中，对自我发现更多。最后把收集了的纸条贴在周记/心情札记中再分享。

材料：写下各种优点/形容词的小纸条（参考页56）。

场地： 

时间：20分钟

杰出	细心	清醒
勇气	好帮手	强健
坚强	温柔	爱心
有礼貌	可爱	善良
有纪律	守时	有耐性
能干	主动	理性
健谈	敏锐	智慧
有小聪明	友善	幽默

图 6.4　称赞不停形容词

3　大自然雕塑

体验目的

藉制作过程来检视自己现时的生活状况。

运用步骤

1. 要求各组员在指定的户外范围内（如郊游点、郊野公园、营地、河边），或远足途中，拾取、搜集天然的材料，如树叶、石头、枯木等。
2. 把材料制作为大自然雕塑，题目可自定，例如："我的生活状况""360度的我"等。
3. 活动可以个人或小组的形式进行。
4. 邀请各成员一起巡回参观众人/各组的作品。
5. 跟全体/全组分享自己的发现和启示。

整理经验

◆ 你满意这个代表你的雕塑吗？
♥ 见到这个雕塑制成品时，你的感受是……
♠ 这雕塑最能贴切形容你的……？
♣ 若可以再多些时间，你会添加/美化/修订的那部分是……

变化

可另选取循环再用物料，如卡纸、泥胶、黏土、瓦通纸、棒冰等。

走进教室

成长课/班主任课
此活动可配合美术课，以不同的材料创作一个属于自己的雕塑。作品不宜设立冠、亚、季军，可考虑设最有心思奖、最具创意奖、最真情流露奖、最具自我风格奖等等。

（续）

材料：果实、树枝、树叶、枯木、石块、贝壳、草等。

场地：

时间：30 分钟

爱惜大自然守则：只拾取地上的材料，不可摘取花卉、果实或折断树枝，破坏大自然。

4 我的瑞恩(Ryan)

体验目的

瑞恩的灵感来自电影《拯救大兵瑞恩》(Saving the Private Ryan)。这部电影讲述美军登陆诺曼底，与德军交战的故事。士兵瑞恩的三个兄弟均战死沙场，美国于是决定派米勒上尉及七名士兵护送瑞恩回国。但寻找瑞恩的过程并不容易，他们深入敌人后方，经过不少困难、危险，才最终找到瑞恩。

瑞恩可代表生命的尊贵和意义。组员透过制作自己的瑞恩(玩偶)，认识及整理独特的自己。

运用步骤

1. 每位组员获派发制作“我的瑞恩”材料一份。
2. 每位组员自行设计及制作有个人特色的瑞恩。
3. 鼓励组员将一些在活动中完成的工作纸或别人的响应，放在“我的瑞恩”里面。
4. 邀请各成员一起巡回参观各人的作品。
5. 跟全组分享自己的发现和启迪。

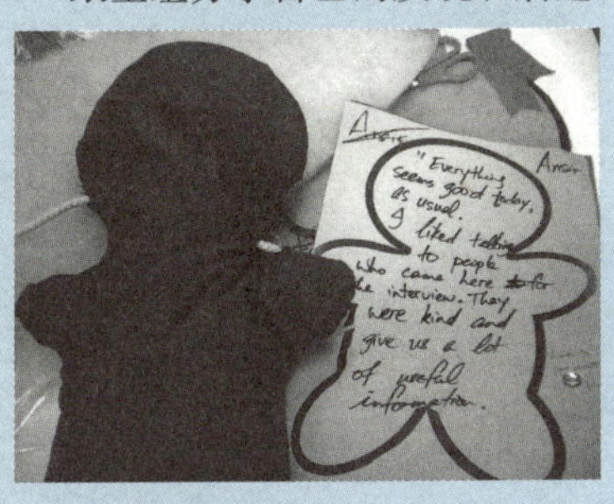

整理经验

◆ 瑞恩的哪一部分最像你?

♥ 制作瑞恩时，你有何感受?

♠ 你的成长又是如何一步一步塑造而成?

♣ 若可以为这个瑞恩增值，你计划增添什么?

走进教室

通识教育课/班主任课/成长课

每个瑞恩都代表每个同学的独特性，学生制作自己的瑞恩时，可学习发现不同层面的自我。老师亦可透过此活动让同学整理自己的成长痕迹，故可在年终安排一段重整回顾的时间。

（续）

材料：布料、棉花、钮扣、针线或其他有助创意制作瑞恩的物料。

场地：

时间：30 分钟

5 我的宝贝瓶

体验目的	组员在每项活动取得宝贝，以肯定自己的优点，并有更多的发现。
运用步骤	1. 请组员带一个自己喜欢的小瓶子，或由负责人预备。 2. 活动开始前，把贝壳/玻璃珠/胶珠等放在显眼处。 3. 组员若在每项活动完成后对自己有新的发现/学习/值得欣赏之处，就可取一颗贝壳/玻璃珠/胶珠，放进自己的小瓶子。 4. 在活动中途或完结时，请组员分享所获得的宝贝。其他组员响应时，若对分享者有新的发现/学习/值得欣赏之处时，也可送他贝壳/玻璃珠/胶珠。 5. 最后轮流分享收到额外贝壳/玻璃珠/胶珠的感受。
整理经验	◆ 数数你的宝贝有多少？它们代表…… ♥ 见到这些宝贝，你的心情是怎样的？ ♠ 你拥有的宝贝是从哪里来的？（是天生的吗？） ♣ 你将如何运用这些宝贝？
变化	除小瓶子，也可每人派发一张图画纸和佰贴胶（Blu-Tack）①，将材料贴上亦可。
走进教室	学期中/学期终的班主任课 瓶内的宝贝，就像代币、筹码（Poker Chips）一样，可比作孩子的自尊感。当孩子得到赞赏、肯定，自尊感就像筹码般一个一个地累积下来。相反，当孩子遇到挫折、羞辱时，自尊感就如筹码般一个一个地失去。这项活动期望帮助同学更确定自己的优点，把它一天一天地累积起来。老师可在学期开始时，请每个同学带一个瓶子，在整个学年期间，间歇地让学生整理优点。

材料：贝壳/玻璃珠/胶珠等。

场地：

时间：30分钟

① 佰贴胶，也叫万用胶，蓝丁胶，是一种新型压力敏感型粘胶材料，可粘贴海报等，是手工制作的好帮手。

6 心灵札记

体验目的	以文字书写表达心迹，了解自己在活动过程中的学习和发现。
运用步骤	1. 每人获派一张心灵札记工作纸。 2. 请学员安静片刻，然后写下心灵札记。 3. 请学员选出一段，轮流分享。
整理经验	◆ 哪一段心灵札记，你感到最深刻？ ♥ 书写时，你内心有怎样的感情？ ♠ 哪些层面，是你对自己新的了解？ ♣ 哪些方面，你仍须扩展呢？
走进教室	周记/反思时段 心灵札记是最容易在学校环境中运用的。有些学校称它作周记，有些学校刻意安排半节课（约 20 分钟），请同学安静及反思每天经历的学习及人际经验。教学应该是双向的，反思是“透过观察对方的行为来反省自己的行为，就像照镜子一般，不时自我评鉴”。老师在学生的心灵札记内不需要修改文法，只需写下一些共鸣语句、反思提问、支持鼓励等回应，已很足够。

材料：心灵札记工作纸（参考页 63）。

场地： 

时间：15 分钟

反省	意见
• 最享受的	• 什么帮助我学习或发展
• 最有意义的	• 正向的发现
• 我的改变 / 不同	• 阻碍我学习或发展的
• 我期望有转变的	• 负面的发现
• 未来我想知道多一点	• 有趣的发现
• 惊喜	• 可改善之处
• 预计未来	• 其他意见

图 6.5　心灵札记工作纸

7 自觉轮

体验目的

以自觉轮来整理及分析自己在活动中的心路历程，藉此了解行为背后的动机及思绪。

运用步骤

1. 活动后派发自觉轮工作纸。
2. 各人按纸上的提示写下自己的发现。
3. 总结全组的发现及所得，写在大卡纸上。
4. 最后轮流分享他们在活动中的心路历程。

整理经验

♦ 哪一部分最容易/不容易填写？
♥ 当填写自觉轮工作纸时，勾起了哪些情绪？
♠ 你如何理解自觉轮中的你？
♣ 哪些方面，你要加强发展/减弱？

走进教室

周记/反思时段/公民教育活动之后
自觉轮是个很好的自我反思框架，同学可更细微地察看自己行为背后的动机和思想。可邀请同学在周记中按这个思考框架表达，亦可在通识教育科的“自我及个人成长”范畴中应用。除了给个人反思机会外，也可以小组形式进行，把发现写在大卡纸上，然后汇报。

材料：自觉轮工作纸(参考页65)、大画纸、颜色笔。

场地： 

时间：30分钟

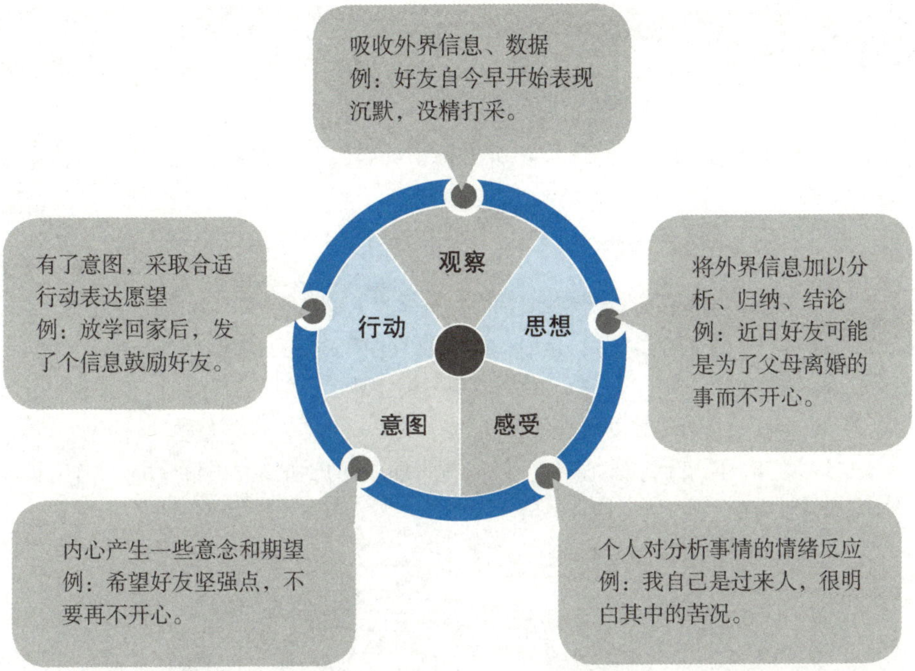

仔细检视自己在活动过程中的一次决定 / 行为，写下你的观察、思想，感受、意图、行动。

____

____

____

____

____

____

图 6.6　自觉轮工作纸

8 沉思漫步

体验目的	在户外环境中，制造一个漫步沉思的空间，让组员在安静中整理自己的内心世界。
运用步骤	1. 先简介整个活动的过程和目的，提醒大家安静、独处对自我发现的重要。 2. 定下一个简单的题目，例如："今天活动中我对自己的发现"。 3. 安排组员一个跟着一个慢行，双眼只需望着前面组员的鞋跟。 4. 再找一个可以独处安静的地方，坐下静思。 5. 若在夜间进行这项活动，可关掉照明灯，帮助学员进入安静状态。若组员较难安静下来，可安排组员戴上眼罩。 6. 最后轮流分享他们对自己的发现。
整理经验	♦ 在沉思漫步时，哪个片段最深刻？哪些说话最难忘？ ♥ 这些新的认识，引发你什么感受？（如：享受/难捱/空白/混乱……） ♠ 对自己有更多发现吗？ ♣ 下一步，我当如何……
走进教室	德育课/通识教育课 自我发现是一个缓慢、不宜急进的过程。都市人习惯急速的生活节奏，稍稍慢下来，反而更能接触内心深处，聆听自己内在的声音，了解自己真正的需要，而不是被身边的事物牵着走。漫步对一些初次尝试的同学可能有些不习惯，若老师能在漫步前陈述意义和目的，同学经多次尝试后，可更享受这个反思空间。 老师可在学校操场或校园内安排这个沉思漫步活动。若有两位老师分成小队带领则更理想。

材料：若有需要可预备一些纯音乐；组员状态预备好，则完全静默更为理想。

场地：

时间：30 分钟

9 心情指数

体验目的	以细铁丝制作自己心路历程的曲线，放在坐标图上，了解心情起伏状况。
运用步骤	1. 派发细铁丝给组员制作自己的心情指数曲线，并贴在心情指数坐标图上。 2. 坐标图上，10分代表很满意，0分代表很不满意。 3. 轮流分享他们在活动中的心路历程。 4. 若时间许可，可邀请他们将细铁丝放在同一张心情指数坐标图上，藉此观察大家的异同。
整理经验	◆ 坐标上，高峰/低谷代表什么时刻？那段时间发生了什么事？ ♥ 在高峰/低谷的时段，你的心情如何？ ♠ 在高峰/低谷的时段，你如何面对这些挑战？ ♣ 若再来一次，你的心情指数会怎么样？
变化	可以用绳子替代细铁丝，或简单用纸、笔完成，在沙地上绘画也可。
走进教室	成长课/德育课/集体活动如学校旅行、运动会、班际比赛、志愿者服务等项目之后。 《情绪智商》一书中提出，除了觉察自己的情绪外，若能以言语仔细描述，就更能掌握自己心情的变化。当同学两人一组，互相表达自己的心情变化时，无论是聆听还是分享的一方均对彼此的感受有进一步的认识。

材料：心情指数坐标图（参考页68）、细铁丝、胶纸。

场地： 

时间：30分钟

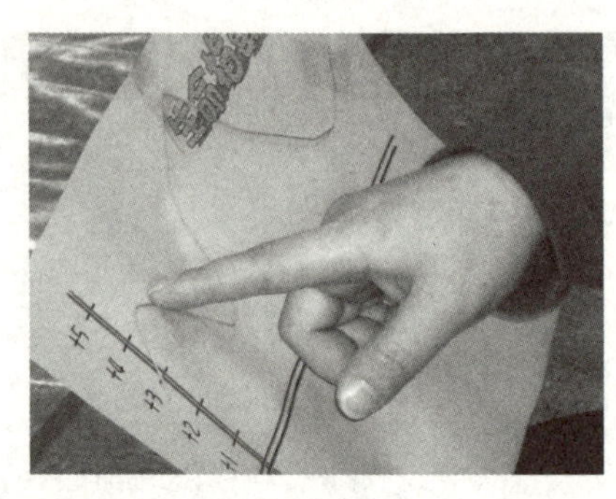

图 6.7　心情指数坐标图

10 人生最后的 24 小时

体验目的	给自己、给挚爱、给敬重的人各写一封信，让学员有机会沉淀整理自己的思绪及重要的关系。
运用步骤	1. 先简单介绍整个活动的过程和目的，提醒学员安静、独处对自我发现的重要。 2. 可先安排一些安静心灵的热身活动，如：散步、听音乐静思、简单而缓慢的松弛活动。 3. 找一个可以独处安静的地方，坐下静思。若组员较难安静，可安排组员戴上眼罩。 4. 安静时间最少有 30 分钟。若组员状态合适而时间亦许可，2 至 3 小时较为理想。 5. 请组员反思安静，若人生只剩下最后的 24 小时，学员有什么未说的话想跟别人讲。 6. 请他们在安静中，分别写一封信给自己、给家人、给重要的人。导师可按时间及情况，选择完成其中一些项目。 7. 在 2 至 3 小时的安静时段中，安排导师短暂访谈各人 5 至 15 分钟。导师可藉此时段关心组员的状态，慰问有需要的组员。 8. 安静时段结束后集合。请学员轮流分享其中某一段，或在整个过程的感受和发现。
整理经验	◆ 在独处过程中，你最深刻的是…… ♥ 在独处过程中，你觉察到自己的心情状况如何？ ♠ 在人生中，最大满足/遗憾的是…… ♣ 回去，有哪些事想立刻做，有哪些话要讲？

（续）

走进教室	成长营会/领袖生训练计划 这是个有效发现自己需要的活动。很多组员都觉得这段时间很深刻和宝贵，还嫌太短，每每建议我们延长时间，可见独处对每一位认真反思的年轻人都很有意义。 然而，这是一个要小心处理的活动，活动前同学间应经历不同程度的反思活动及训练。因为这个活动是要处理一些核心的问题：一生中最关注的人和事是什么？建议有辅导训练的老师或社工带领较好。过程中若有同学情绪不安，应该有额外人手安排实时辅导和处理。

材料：信纸、信封、笔。

场地：

时间：60—180 分钟

经验回顾——自省行动

“自我发现”对你有些什么独特的信息呢?

1. 我最欣赏自己……

2. 我的喜好是……

3. 我的限制是……

4. 用十个形容词来介绍自己时,我会……

第 7 章 领袖素质

谁是领袖？学校班长？部门主管？小区团体主席？国家元首？这些职位的角色确实是我们的领袖。根据辞典的解释，领袖是指社会各种不同的团体中，影响力比别人大，而且能引导公众采取新态度或新行为的人物。

不过，20 世纪末已陆续有人著书提出领袖并非个人英雄，或强权领导；而是相信每个人都具备领袖素质，可在不同的岗位展现潜能，若众人能各尽其职，就可为社会带来更多贡献。故此我们相信，领袖是可以培育出来的，当人不断提升素质，潜能就可发挥得尽善尽美。

主题概述

所谓领袖培育，我们定义为：(1)提供机会协助他人发挥潜能；(2)委任有能力的成员分担责任；(3)凝聚有素质的成员解决难题，激励及推动成员一起完成任务、达成目标、实践信念，迈向共同理想。

领袖风格

保罗·赫塞(Paul Hersey)和肯尼思·布兰查德(Kemeth Blanchard)在《论领导风格与领导情境》(*On Leadership Style and Situation*)一书中[1]，按照对任务承担感和同工关系的优次及比例，将领袖分为四种风格(见图 7.1)：

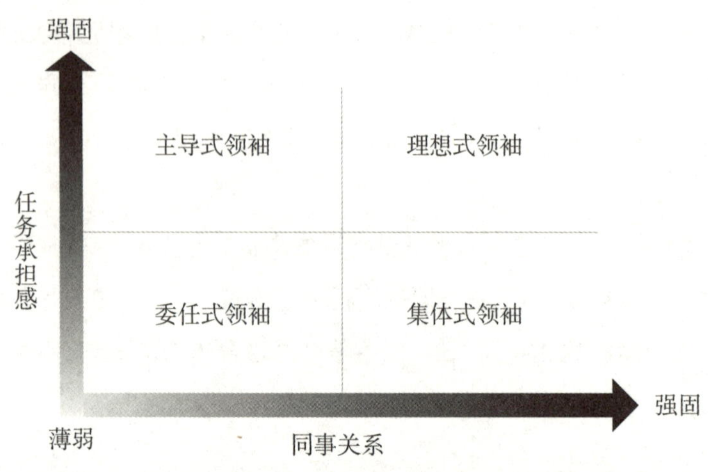

图 7.1　四类领袖风格

图文说明：　四类领袖风格

1. **主导式领袖**——属于任务承担感强固、同事关系薄弱的一种。主导式领袖专注于完成任务，把工作分派给下属，跟随者按其指示执行任务。这种风格在经验幼稚的成员中、团队形成初期或紧急关头，特别能发挥作用。

2. **理想式领袖**——属于任务承担感强固、同工关系密切的一种。理想式领袖亦是平衡式的领导，既重视任务亦重视同工的关系。领袖会把责任分配给各工作小组的组长，让同事一同掌握目标和方向，藉共同拥有归属感而贡献自己。这种风格需要各成员均具备才干、处事成熟独立，能承担和完成有关任务。

3. **集体式领袖**——属于同事关系密切但任务承担感薄弱的一种。集体式领袖让所有同事参与决策过程，领袖的角色只是召集人和协调者。这种风格的领袖通常处于寻索方向的阶段，各成员需具备一定的才干，亦能在方向上给予意见。若能订出决策，成员便能稳步前行；若协商时间过长，成员则容易产生不安或迷失感，可能因而拖延或停顿了任务。

4. **委任式领袖**——属于任务承担感及同事关系均薄弱的一种。成员把领袖的工作看成是他的责任，而承担任务则是成员的工作。由于工作程序有规范可遵循，所有任务均按照程序进行。这种风格需要成员具备认可的能力和成熟度、愿意承担及独立完成任务的能力。

以上列举的四类领袖风格只作参考，工作者可按学员不同的互动情况或体验进程，培育学员不同的领袖风格，故此没有哪一类是最优秀的，关键是要因相应情况恰如其分地回应。至于领袖培育的内容则包括两大方向（见图 7.2）：

领袖技能培训	生命质素培训
• 认识潜能 • 有效沟通 • 情绪管理 • 团队精神 • 逆境坚韧力 • 难题解决能力 • 冲突处理 • 组织及计划能力 • 独立思考 • 创意思维 • 决策力	• 尊重别人 • 诚信 • 责任感 • 不吝鼓励 • 自信心 • 乐观热忱 • 文化及社群接触 • 关心社会事务 • 批判思维 • 悲悯心肠 • 感恩

图 7.2　领袖培育的内容

领袖的七项素质

一位全备的领袖，并非靠一个课程或活动即可完全达标，乃是一次个人成长的旅程，是一个终身学习的方向，在以下七项素质中均渐趋成熟：

1. **全然贡献自己**——能尽显所长，并将自己的潜能贡献。

2. **善于与人沟通**——善于与人建立良好的关系，通过有效的沟通增进彼此信任，并能鼓励自己及跟随者的士气。

3. **目标方向清晰**——清楚进程的蓝图和计划，有效监察计划能循序渐进完成，并能按着处境调节变动，不为目前难题所困，向着目标和理想迈进。

4. **勇于承担责任**——遇到挑战或危急，不会临阵退缩或虎头蛇尾；承担责任后怀着破釜沉舟、义无反顾的精神完成任务。

5. **具备专业能力**——熟悉任务或具备理想的知识，并能给予卓越的意见，以便能妥善领队、决定分工、制订策略、预算资源、联系网络等。

6. **掌握跟随者需要**——带领者清楚掌握大家的想法和需要，清晰每位成员的角色分配，并能知人善任，发挥所长，使跟随者认可他的带领。

7. **拥有资源网络**——拥有丰富的资源网络，在运用和联络上能带来不少方便，可支持和协助完成任务或解决问题。

扪心自问——领袖需要十项全能?

要求一位领袖具备全面的素质,岂不是要求一个万能的超人才能满足? 能符合这样要求的领袖又有几人? 他真的完美无缺吗?

一、 领袖 = 超人?

踏入 21 世纪"地球村"的年代,社会急速变化,拥有单一的专业知识和技能的人已不足以面对新世纪的挑战。因此,领导的阶层不再由少数人垄断,而需要集体领导的模式,由具备不同专才和能力的人,共同承担领导的责任。

我认识的一位前训练机构总监便深明此道。他分享其杰出的带领经验时谦称:"我强,因为我的班底强。"他领悟到并非单靠一己的能力而成事,而是背后有一强大的团队,各自拥有独特的专才,可各展所长、互补不足,兼且能同心协力应付不同的挑战、满足客户的需要。他的团队既可承担起紧迫的工作活动,就给予他较多的空间作整体性的策略和计划。在他身上,我看见一位成功的领袖需要懂得下放权力、分派任务予合适的成员;除了信任成员可以完成之外,也能容纳能力和专长比自己强的成员,这样才可令自己和成员皆相得益彰。

领袖不单要具备高瞻远瞩的视野,还要有虚怀若谷的胸襟,容纳不同素质和才干的人成为团队成员,才是个真正卓越的领袖。

二、怎样才算是合格的领袖?

时移世易,前几年企业急速转型,拥有专才的管理阶层渐渐被淘汰,或由其他科技取代,出现了人才过剩的情况,不少管理层被辞退。在“高不成低不就”的情况下,事业与生活陷于困境,有些人因而走上不归路。整个社会笼罩着灰暗的气氛,人人自危,担忧自己亦被辞退,真的可怕。

原来,合格的领袖并没有永久的保用证,除非他的职场生命能不断更新和成长。近年香港政府推行的持续教育基金,目的就是鼓励在职人士进修,装备自己,在日新月异的社会中能面对急速的改变。**作为一位积极进取的领袖,更要不断学习,增强个人迎向转变的能力**。

三、新世纪需要怎样的领袖素质?

香港回归前两年,青年发展基金提出了塑造青少年成为 21 世纪领袖所需的素质,并且把理念落实为“全人领袖教育基因计划”,于每年举行“国际华人青年领袖训练营”等重点项目。这些项目的目标是帮助青少年认识自我,塑造并发掘他们内在的领袖素质,预备成为一个有远见、负责任、敢承担、富创意的 21 世纪领袖。梁永泰博士把 21 世纪的领袖素质综合为 12 种素养(见图 7.3)。

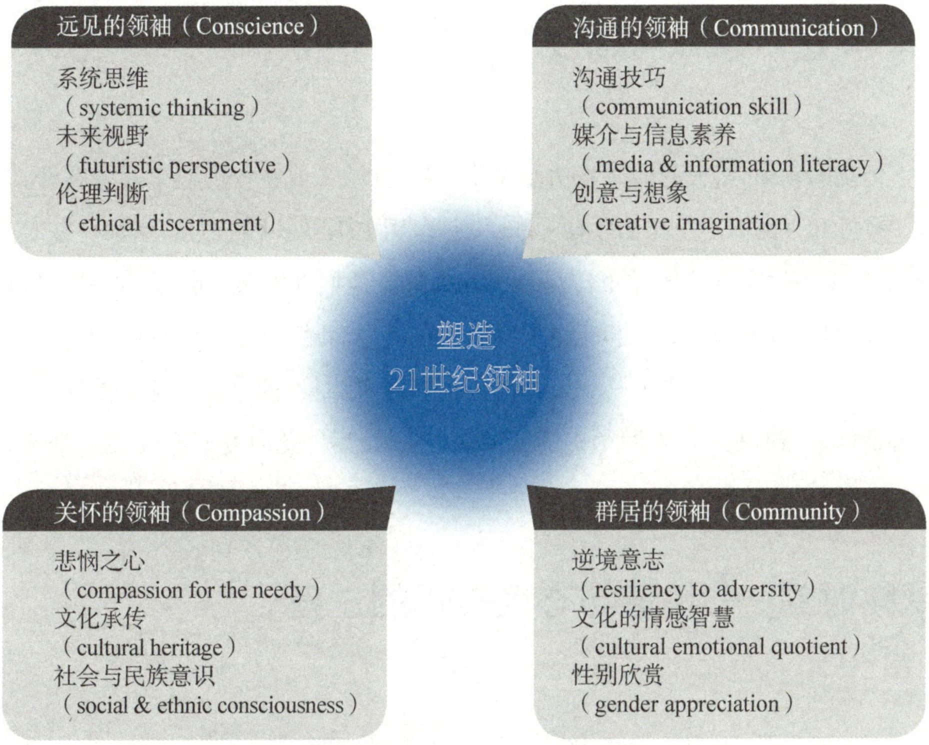

图 7.3　21 世纪领袖素质

参考数据：梁永泰(2005),《新领袖 DNA》(第二版),香港：突破出版社。

诚然,一位高素质的领袖不是单凭能力和技巧,爱心也不是空谈,故此培养是要全面均衡发展的。**而领袖的最终考验,是把其信念及实践的意志,从他人身上彰显出来**。

四、领袖不是巨人而是仆人？

传统的领袖，给人的印象是功能性和任务性的，又或在权力斗争之中存活，令很多爱好和平的人拒绝担当领袖一职。不过，**历史中最具影响力的领袖往往走到最前线，默不作声亲手抚慰服侍受迫害的人群**。**他们在社会上并不为人注目，却仍默默耕耘，直到晚年或离世后才广为人知**。已离世的印度国父甘地、加尔各答的德兰修女、美国民权领袖马丁·路德·金等等，他们不曾建立过什么王国，只是用心怜恤、看顾、服务社会里最有需要的一群人，最后因此而万家传颂，名垂青史。

受教时刻——价值与态度转化的过程

我曾与一位雇主倾谈，她慨叹现今大学生的沟通及解决问题能力偏弱。她认为，具备基本学历固然重要，但更重要的是具备以上列举的领袖培育内容——情绪管理、团队精神、逆境坚韧力、组织及计划能力、有效沟通等，这些能力关乎能否成功执行日常工作。

在学校环境中，实在有很多可供同学发挥领袖才能的机会，只是学校实行德育及群育方面的发展是否如其他学科般重视呢？学校自评的各个项目中，除了单单满足教育局的要求外，是否有一个发展学生领袖才能的全盘策略呢？抑或只是零星的举办一些活动而已？

若以一个整体的愿景去培养学生的领袖素质，培育项目就不应止于活动层

面，而是要帮助学生开阔视野与观念，让领袖素质成为个人的价值和态度。以下介绍的十个解说项目，就是协助前线工作者引导青少年生命。解说时，工作者提出的思考重点将有助刺激他们反思。

重点发问

- 事实：刚才哪一位学员承担了领袖一职？他/她具备了什么素质？
- 感受：在履行领袖角色时，心情有何起伏？
- 发现：我是一位优秀的领袖吗？
- 将来：我应如何计划以成为一位优秀的领袖？

1 旭日映照

体验目的	以阳光照射的位置，形象化地描绘学员在群体中发挥领袖素质的影响力。
运用步骤	1. 每人获派发一张旭日映照图。 2. 让学员有足够的安静时间，检视自己发挥领袖素质的情况。 3. 以太阳光照的位置，描绘他们发挥领袖素质的情况，如：晨曦初升代表刚刚起步、如日中天代表尽情发挥其领袖素质、日落西山代表难以发挥等等。 4. 完成后，各人展示其太阳位置，并轮流分享。
整理经验	◆ 你的光照在什么位置？在日光映照下，你属于哪一类领袖？ ♥ 这领袖的光芒，使你感到…… ♠ 哪些素质能推动你发挥领袖角色？ ♣ 你期望自己在未来的光芒如何照耀？
走进教室	球队/大哥哥大姐姐计划/领袖生训练计划等活动 同学容易混淆领袖的概念，领袖不等于领袖生。我们相信每个学生都有其独特的领袖素质（“There is a leader in you”），领袖生只是发挥领袖素质的其中一个岗位而已。若老师澄清了观念，可以邀请同学展示自己所描绘的太阳位置，并且形容一下作为领袖的状况，从而了解自己发挥领袖才能的进展。

材料：旭日映照图（参考页 83）、笔。

场地： 

时间：15 分钟

太阳一直发出光和热，温暖大地；领袖素质也如阳光般，为群体带来动力。若以太阳的光照位置表示你发挥领袖素质的影响力，你的位置在哪里？

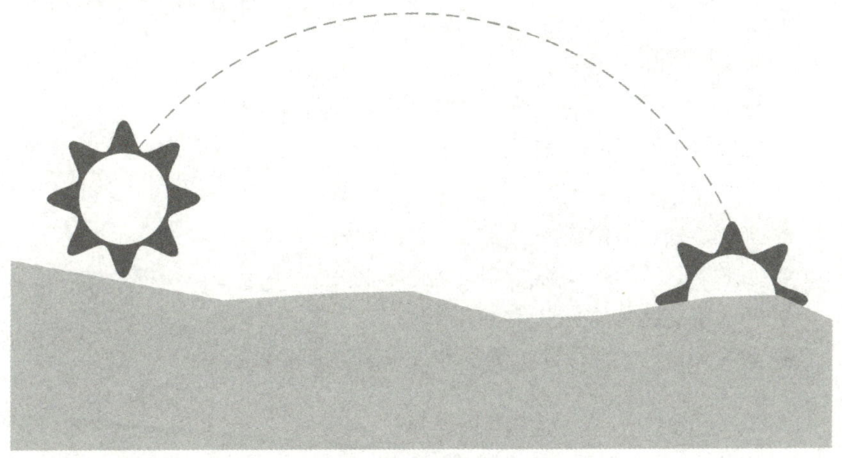

图 7.4　旭日映照图

2 计时表

体验目的	检视组员在不同时段内发挥领袖素质的进度和状态。
运用步骤	1. 每人获派发一张计时表工作纸。 2. 标示日常的状态，来描绘他们发挥领袖素质的状况。 3. 完成后让各人展示，然后逐一分享。
整理经验	◆ 指针所摆放的位置，代表你发挥领袖素质的情况如何？ ♥ 注视着这枚指针，你满意指针数往哪里去？原因是…… ♠ 你发现自己具备哪些领袖的潜能？ ♣ 你期望自己的指针放在哪儿，以致能成为理想中的领袖？
走进教室	学生会会长、社长、班长及领袖生来描绘心路历程 藉计时表帮助一些特别岗位的同学，如学生会会长、社长、班长及领袖生分享他们发挥领袖潜能的进度。就以一日 24 小时为例（以下只是例子，实质例子应有待同学发挥及批注）： 凌晨时分——睡眼惺忪，不清楚自己角色。 晚上八时——最佳状态，等候做重要事情。 早上八时——一切有新的开始。

材料：计时表工作纸（参考页 85）、笔。

场地： 

时间：15 分钟

每天，每个人的状态在每一小时内都不同。请以指针代表你发挥领袖素质的进度。

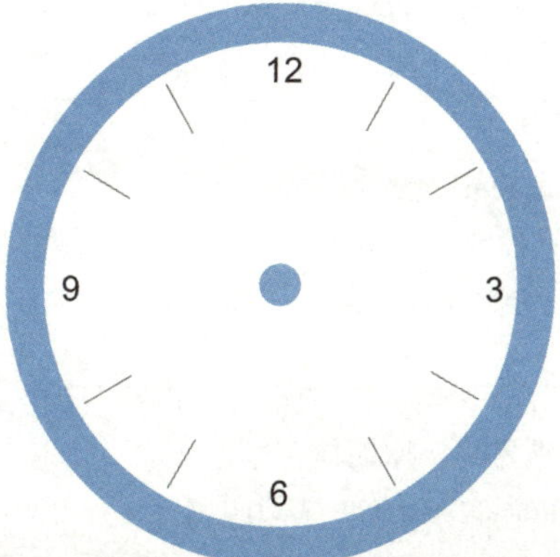

时段	状态

图 7.5　计时表工作纸

3 领袖五味架

体验目的	选择调味品，具体表达学员实践领袖素质时的感觉。
运用步骤	1. 将五味架工作纸派发给组员。 2. 请各组员选择一种或多种味道，以代表他们作领袖的滋味。 3. 完成后各人展示其工作纸，轮流分享。
整理经验	◆ 你选择的味道，代表你当领袖时的什么滋味？ ♥ 这种味道令你满足吗？原因何在？ ♠ 个中的滋味，如何推动你承担领袖职责？ ♣ 若再当领袖，你最希望是什么味道？
变化	• 材料可用真实的调味品，让学员混合调味，以增添五官感觉的刺激。 • 展示不同调味品的图片，让组员选择。
走进教室	学生会会长、社长、班长及领袖生等分享感受的环节 一些有关提升抗逆力(resilience)的文献表示，有意义地参与能增加学生对学校的归属感，从而提升他们的抗逆力。诚然，承担责任时或多或少会面对挫败，若老师以接纳的心去聆听，同学的挫败感或逃避承担责任的表现，终有一天可转化成向前的动力。 假若班内每个同学都担任了大大小小的岗位，这个解说活动就最适合不过。不过分配岗位时，不应只达到机械式、功能式的目的，老师若能使同学在参与的过程中感受到轻松、认真和尊重的气氛，同学就能有所学习，并愿分享作为领袖的滋味了。

材料：五味架工作纸(参考页 87)。

场地： 

时间：20 分钟

通常五味架放着各种调味品：盐、糖、豉油、胡椒粉、醋等等，杂陈多种味道。担任领袖时，也有机会尝到百般的滋味，甜酸苦辣，时而混杂时而单一的味道，各人的喜好或讨厌的感觉也不尽相同。这一刻，你内心的滋味又如何？

图 7.6　五味架工作纸

4 动物图解

体验目的	选择一种动物，形象化表达自己所具备的领袖素质、能力和状态。
运用步骤	1. 将各类动物图像放在场中。 2. 请各人选择一种动物，最能代表自己的领袖素质和能力的动物。 3. 给予时间，让各人记下那些素质和能力。 4. 完成后让各人展示图像，并逐一分享。
整理经验	◆ 你选择的动物具备什么特别的领袖素质？ ♥ 这些领袖素质，牵动你什么情绪？ ♠ 为何你认为自己具备这些领袖素质？ ♣ 你会如何装备自己，以培养所期望的领袖素质？
走进教室	大哥哥大姐姐计划/领袖生训练计划等活动 每一个领袖都是独特的。此活动帮助同学发掘自己的领袖素质。若同学的自我反思能力不够强，则请老师或其他同学响应以作补充，亦提醒同学以尊重的态度响应别人，否则活动就变成取笑人的机会。

材料：动物图像（参考页 89）。

场地： 

时间：20 分钟

请选择一种动物，可代替你发现自己所具备的领袖素质、能力和状态。

图 7.7　动物图像

5 身体检查

体验目的	透过绘画个人体形，帮助组员整理和实践领袖的素质。
运用步骤	1. 每位参加者获派发一张大海报纸或画纸。 2. 在 10 分钟内，按他们自己的体形在画纸上勾画形状。 3. 将自己所具备的领袖素质写在身体形状之内，将未能达到的素质放在体外。 4. 请组员逐一分享。
整理经验	◆ 凝视这个你，你是一位怎样的领袖？ ♥ 当履行领袖角色，你的心路历程是怎样的？ ♠ 你发现自己具备哪些领袖素质？ ♣ 哪些方面仍需要强化呢？
走进教室	我们或许拥有不少证书、推荐信、奖状。有否想过为自己开设一本“另类成就册”(Achievement Record)？这是外国一本有关提升自我形象的图书建议。只需用一个精美的透明文件套，存放“另类成就”的文件即可，例如：老师送的书签、组员的响应便条、别人欣赏你的说话的小卡，刊登投稿的剪报……若每位同学用心完成这张“领袖形象”工作纸，也可把它放在“另类成就册”中。

材料：大海报纸或画纸。

场地： 

时间：15 分钟

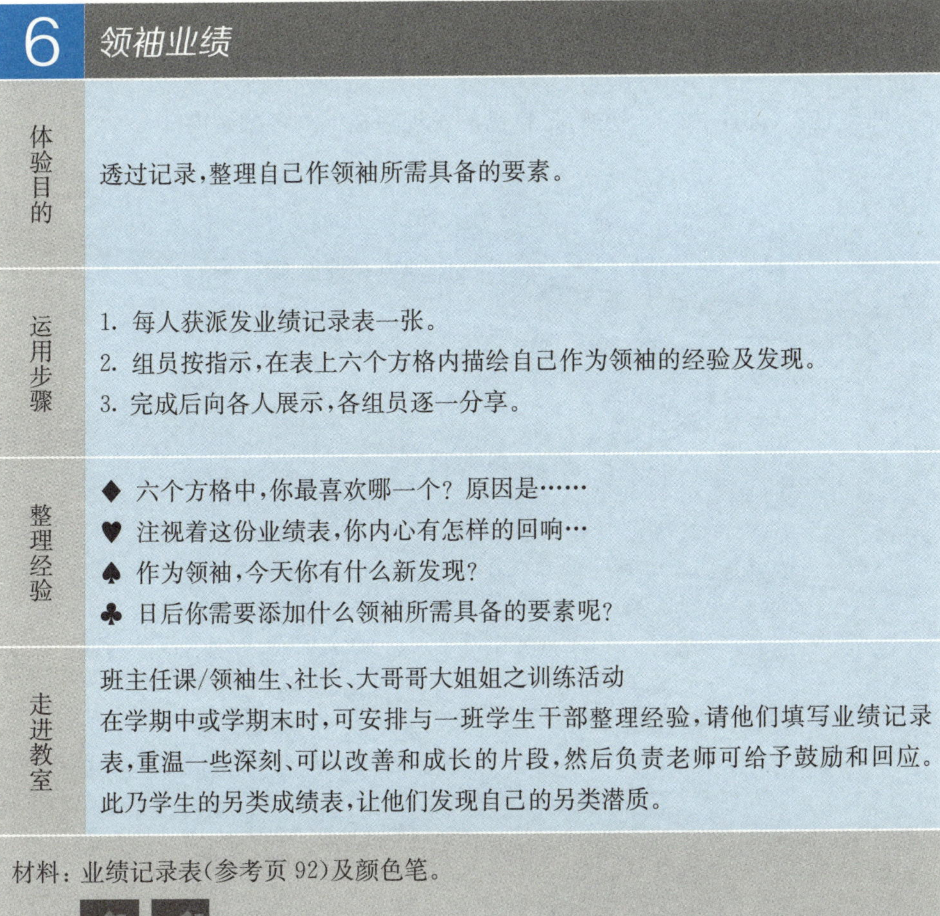

6 领袖业绩

体验目的	透过记录，整理自己作领袖所需具备的要素。
运用步骤	1. 每人获派发业绩记录表一张。 2. 组员按指示，在表上六个方格内描绘自己作为领袖的经验及发现。 3. 完成后向各人展示，各组员逐一分享。
整理经验	◆ 六个方格中，你最喜欢哪一个？原因是…… ♥ 注视着这份业绩表，你内心有怎样的回响… ♠ 作为领袖，今天你有什么新发现？ ♣ 日后你需要添加什么领袖所需具备的要素呢？
走进教室	班主任课/领袖生、社长、大哥哥大姐姐之训练活动 在学期中或学期末时，可安排与一班学生干部整理经验，请他们填写业绩记录表，重温一些深刻、可以改善和成长的片段，然后负责老师可给予鼓励和回应。此乃学生的另类成绩表，让他们发现自己的另类潜质。

材料：业绩记录表（参考页92）及颜色笔。

场地：

时间：30分钟

回望过程，你作为一个领袖，把自己的发现写在下列各幅画内。

图 7.8　业绩记录表

7 杰出领袖大赏

体验目的	透过杰出领袖选举，肯定组员所具备的素质。
运用步骤	1. 在场地中央摆放奖品：独立包装的糖果/零食/襟章/明信片/自行制作的心意卡等。 2. 让组员选择合适的奖品，或把奖品赠送给其他组员。 3. 完成后，清点及展示各人拥有的奖品。 4. 请组员逐一分享。
整理经验	♦ 哪一份奖品最吸引你？ ♥ 作为一位获奖的领袖，你有何感想？ ♠ 你是如何孕育这样的领袖素质？你要感谢…… ♣ 前行，还有哪些奖项期望得到？
变化	由组员选择把礼品转送给其他组员，来代表欣赏他人的领袖素质，然后轮流分享所送出的奖赏。
走进教室	班主任课/公民教育课 若同学均能掌握领袖应具备哪些素质等课题后，老师可在学期终举行此项目。若期望同学的选举不是小圈子的选举，可加入以下指引： 1. 不要选自己最熟悉的同学(因最熟悉的多数是最友好的朋友，平日也有机会欣赏他)。 2. 鼓励挑选一些平日较少机会向他表达欣赏的同学。 3. 每个学生指定要对三个人说话： • 坐在邻座的两位同学； • 该学年在班中有岗位的同学； • 其他自选。 以上只属建议，实际情况视班中气氛及老师对同学的认识而决定。

材料：独立包装的糖果、零食、襟章、明信片、自行制作的心意卡等物品。

场地：

时间：30 分钟

8 领袖龙门阵

体验目的

评选领袖最重要的一种素质，让组员反省实践领袖才能需要具备的素质。

运用步骤

1. 每人获派发一张小卡及一支笔。
2. 在小卡上，写下自己在此过程中认为最重要的一种领袖素质。
3. 完成后，与邻近的组员两人一组，分享小卡的内容。
4. 把自己的小卡交给对方评分，总分为7分。然后把所得的分数写在自己的小卡背面。
5. 进行第二次分组，跟另一个组员交换小卡、分享、评分。再进行第三次分组。如此这般，可进行五次。
6. 最后计算总分。把组内各成员列举的素质综合，并按分数的多寡排列。
7. 再请组员分享他们的看法。

整理经验

♦ 你拥有组内排列的各种素质中的哪几项？
♥ 具有/缺乏这些素质，你的心情感到……
♠ 你认为分数最高的领袖素质是如何培养出来的？
♣ 你希望自己将来会应用哪些素质？

走进教室

班主任课/通识教育课/公民教育课

这是一个互动项目，而不是老师单向灌输，最后同学可找出什么领袖素质对他们最为重要。选举完毕的结果，可再经设计，张贴在报告板上，让同学经常参看。

材料：小卡、笔。

场地： 

时间：30分钟

9 领袖素质大记数

体验目的	从组员的回馈，检视自己所具备的领袖素质。
运用步骤	1. 每人获派发领袖素质大记数表格一张。 2. 请各人向组员获取回馈，若组员认为自己具备表格上列出的其中一些领袖素质，请对方签名，及描述该素质的呈现情况。 3. 若表格上的四格均有组员签署，并可横向/直向/斜向连成一线，即大叫“宾果(Bingo)”，在场的其他组员即响应“做得好”。 4. 由最先完成的组员轮流分享。
整理经验	◆ 你最获赞赏的是哪一素质？ ♥ 收到大家的赞赏，你的感受是什么？ ♠ 你是如何实践领袖的角色的？ ♣ 哪些方面，你仍需努力？
走进教室	领袖生营会/大哥哥大姐姐训练计划等活动 此活动较适合一些心理状态较安全、较自信的同学。

材料：领袖素质大记数表格(参考页96)。

场地： 

时间：15分钟

自信心	合群	团队精神	诚信
以身作则	体贴	组织能力	聆听者
难题/ 冲突解决能力	言出必行	有责任感	尊重别人
不吝鼓励	乐观热忱	感恩	其他： （请注明）

图 7.9　领袖素质大记数表格

10 凭歌寄意～你鼓舞了我(You Raise Me Up)

体验目的	思考你鼓舞了我(You Raise Me Up)一曲的歌词内容，让组员反省作为领袖需要具备的素质。
运用步骤	1. 每人派发歌词一份，或以简报展示。 2. 播放《你鼓舞了我》一曲，请各组员安静聆听。 3. 留心歌词中有关作为领袖所需的素质。 4. 同唱两遍。 5. 轮流分享自己的看法。
整理经验	◆ 从这首歌中，你认为领袖需要具备哪种最重要的素质？ ♥ 歌词中哪一句最打动你？ ♠ 你拥有歌词中哪几项素质？ ♣ 要拥有作为领袖的素质还应多加那些素质？
走进教室	德育课/领袖生营会/大哥哥大姐姐训练计划等活动 音乐的旋律容易引发学生的兴趣。当朗朗上口时，他们除了享受歌曲外，又可在欢愉的气氛中思考歌词的含意，继而寻觅当中作为领袖的素质。唱歌活动，不需太多的准备，无论在教室的德育课还是领袖生营会、大哥哥大姐姐训练计划中，作为启发学生对领袖素质的发现颇为适合。

材料：播放歌曲的器材和歌词(参考页98)。

场地：

时间：30分钟

When I am down and, oh my soul, so weary;
当我失落的时候，噢，我的灵魂，感到多么的疲倦；
When troubles come and my heart burdened be;
当有困难的时候，重担压在我的心；
Then, I am still and wait here in the silence,
然而，我在静默中等候，
Until you come and sit awhile with me.
直到你来，让我休息片时。

You raise me up, so I can stand on mountains;
你鼓舞了我，所以我能站在群山顶端；
You raise me up, to walk on stormy seas;
你鼓舞了我，让我能走过狂风暴浪；
I am strong, when I am on your shoulders;
当我靠在你的肩上时，我变得坚强；
You raise me up ... To more than I can be.
你鼓舞了我……让我能超越。

图 7.10 你鼓舞了我(You Raise Me Up)歌词

经验回顾——自省行动

“领袖素质”对你又有些什么独特的信息呢？

1. 列出当一位领袖的好处。

2. 列出当一位领袖的难处。

3. 如果有选择的机会，你会作领袖抑或跟随者？

4. 选择一位你所欣赏的领袖，记下他/她所具备的领袖素质。

注释：

[1] http://www.infed.org/leadership/traditional_leadership.htm

第 8 章 团队建立

什么是团队？在你的观察或认识中，什么队伍是最出色的团队？Google？Apple？我们最亲的家庭成员，算是团队吗？茶餐厅的职工，由楼面、水吧、清洁、收银等各部门员工组合而成的，这算是团队吗？

主题概述

在《国语辞典》中，团队精神是指“个人对团队所保持的一种荣誉心和向心力，以达成该团体的共同目标和使命”。中国文化中确有不少鼓励我们与他人合作的话，如：三个臭皮匠，胜过一个诸葛亮；团结就是力量等。也有很多相关的词汇，如：群策群力、集思广益、携手合作、同心协力、守望相助等等，可见团队精神的重要性。

踏进 21 世纪，我们再难以单一的专业知识或技能面对新挑战。**我们正处于一个“网络与伙伴”(networking and partnership)的时代，是一个人际接触频繁、跨专业合作和交流的年代**，故此有更多的工作小组、专家小组以集体的智慧和专才，从不同的角度和不同的知识响应社会需要。

团队建立的五大元素

第一次参加野外营会活动时，最令我感动的是重新发现自己，以及营会中显示的团队精神。团队精神不单能激励我完成活动的各项任务，还影响到我在日后开展的历奇辅导工作。我把当天的观察整理，发现营会团队具备了以下五项重要元素：

1. **共同目标，集体承担**——每位队员均清楚团队的整体目标、方向、策略和行动。各队员同作决定，但分工清晰。组长集中于召集或协调的角色，队员或带领活动或准备物资，全民皆兵，承担不同的角色和责任，务求各展所长。

2. **具归属感，同心协力**——责任由整队承担，各人竭尽所能、手足情深，贡献自己的资源（信息、金钱、时间、空间、器材、物资或才能），众人全力以赴，为的是完成任务/理想，流露出互相信任、尊重差异、彼此激励和配搭的元素。

3. **积极响应，有效完成**——当团队内出现问题或发生冲突误会时，全队能以开放和坦诚的态度一起面对；又能按情况作出修订，乐意接受转变。故此，整体工作甚具效率，绝无因成员要转变协调而拖延或停顿，显示他们有效率的沟通、解难、决策及落实的素质。

4. **彼此肯定，相互成长**——过程中展示出各成员所具备的独特素质，能提供多角度的意见，开拓个人的视野，正是彼此学习的对象。任务完成后除了一起庆祝之外，更给彼此以欣赏和肯定的回应，激励众人的心。

5. **凝聚关系，传承经验**——完成任务只是他们团队中的一部分，重要的是凝聚团队关系，因他们相信唯有建立团队的关系，才能为未来的任务建立成功的基础。就算今次不能够完成任务，将来加入新的成员，也可刺激团队的发展。

扪心自问——建立团队的挑战

一、建立团队可一拍即合?

团队能一拍即合而成，是绝无仅有的奇迹！在小组理论和项目设计流程的原则中，从认识队友发展到建立团队关系是要经过一个过程，才能达到群策群力和互相配合的阶段。小组的进程大致分为以下四个阶段(见图 8.1)：

阶段	组员的行为表征	工作者任务	工作者介入程度
形成期(Forming Stage)	• 充满期待； • 不确定是否能与团队融合； • 陌生、紧张； • 被动、小心谨慎； • 避免冲突； • 处于观望、探索团队的方向和界限。	• 帮助组员彼此认识； • 提供开放和接纳的气氛； • 建立初步信任； • 分享大家的期望； • 提供/寻求共同目标和方向； • 协议。	主导
风暴期(Storming Stage)	• 各人寻找自己的位置； • 敢于表达自己的意见； • 容易产生冲突； • 自我防卫； • 权力争战； • 挑战； • 质疑较早前的决定。	• 尊重和接纳不同的意见； • 引导组员以正面的态度，响应不同的意见； • 分工合作，提供参与的机会和承担团体内的任务； • 让团体学习解决问题； • 阻止出现破坏性的行为或言语。	共同协作

续

阶段	组员的行为表征	工作者任务	工作者介入程度
准则期（Norming Stage）	• 凝聚力强； • 彼此信任； • 关系良好； • 角色清晰； • 互相支持合作； • 主动分享； • 愿意承担； • 建设性批评； • 清晰的共同目标。	• 鼓励组员分担领袖的角色； • 由组员自行分担组内的任务； • 聚焦：提醒团队的任务以配合所制订的目标； • 接受不同的处理方法； • 让团队自行解决问题； • 容许修订规范； • 分享数据，让团队获得合适的资源； • 协助团队以较有系统的方法完成任务。	指引
履行期（Performing Stage）	• 全情投入； • 贡献自己； • 各展所长； • 接纳不同的意见； • 富创作力； • 关系密切； • 履行目标。	• 督导团队履行任务； • 支持及鼓励团队承担责任，以迈向独立自主； • 贡献所长； • 给予支持和肯定； • 提供资源以达成目标； • 协助检视目标的达成及前瞻未来。	放手

图 8.1 小组进程各阶段

参考数据：Scholtes, P. (1988). The Team Handbook. Madison, WI: Joiner Associates Inc.

团队精神并不是自然而生的，是需要刻意建立和培养出来的。作为工作者，认识和掌握团体不同阶段的特性，才可有效启发团队发挥其潜力，引导队员迈向成长和成功之路。不同的团队组合和性质，经历以上每一阶段的时间长短不一，发生的次序也不尽相同，甚至不是按先后次序而出现，需要工作者敏锐调节和平衡。例如海啸灾难后，不同地区的救援组织及义工前往灾难现场协助，需要在短时间内组合而成，故没有太多时间彼此认识、建立信任的关系，即要投入参与救援。因此，工作者先要尊重每个团队都有其特性，不断评估团队的进展，以作出恰当的介入和引导。

二、团队精神=意见一致?

群体的目标和方向需要清晰和一致，但如何达成，却有不同的意见。在群体探索的阶段内，我们更需要不同的意见来收集不同的可行性，以致可以修订达成目标的途径。

有些人误以为“非我族类，其心必异”，然而，团体建立的重要元素之一，就是学习如何接纳不同的意见；时而据理力争，时而游说对方接受自己的看法。我认为，更宝贵的是可以从不同的意见来检视状况，无论结果怎样，最大的学习往往是在讨论的过程中，启发了我们的思考和认识。

要留意的是避免空泛讨论。有些讨论很容易落入为讨论而讨论的陷阱，是很无聊的事情。若遇上好辩或强词夺理的人，便容易消磨了时光，陷于万劫不复的低谷中。因此讨论亦要设定期限或时限，如政府咨询民意时会定出期限。另外也应要求提意见者须要具备专业的知识以及能提出可实践的意见等。

最重要的是，我们能以尊重的态度来面对不同意见，那么我们便能平和及正面地给予响应。

三、建立永恒不变的团队？

团队如一个生命的历程，由孕育、出生、成长、独立自主、离巢闯荡、各自发展，到建立新家庭、繁衍下一代，这是一个健康的发展过程。

我曾出席过一个团体成立 25 周年纪念的聚会，相约当年战友回巢庆祝和聚旧，细数当年“埋身肉搏”的日子。我们现在各散东西，因有着不同的发展和召唤而再没有一起合作，但分离反而叫我们能各自精彩，今天在不同的岗位上发挥各自独特的专长和影响力，这是上苍给我们的祝福！

虽然二十五年前这个梦幻组合并没有维持下来，但当“老家”有需要时，每个人都会鼎力相助。有一次，一位怀孕的战友从市区驾车到西贡郊野探望我们，并带来支持物资。虽然她身体上有限制，不能与我一同在前线工作，但重要的是她觉得有份参与其中，所以不计较路途遥远前来表示支持。就是这份情谊深深维系着我们这班小伙子，我们珍惜每次相聚的机会，因为我们曾一同经历成长。

有些群体勉力维持，但固守过往的目标、方向和模式，随着时日变迁、世情改变，整个群体就会追赶不上，停滞不前。即使保持定期聚会，但若缺乏明确方向，成员的热情就会转淡；另一方面，成员各有要事在身，或有其他更吸引的群体出现，便逐渐流失，群体亦因而瓦解。有些纠缠不清的群体，更会勉强成员留下继续经营，令成员的身心也沉重不堪！

其实天下无不散之筵席，分离也许正是再生的开始！

受教时刻——建立群体的归属感

以下介绍的十个解说项目，有助建立“网络与伙伴”的关系。工作者解说时的提问重点应在于：

重点发问

- 事实：大家怎样群策群力作出贡献，令任务得以完成？
- 感受：在合作过程中，最令你兴奋/沉重的是什么时候？
- 发现：这个团队有什么最强的地方？请举例说明。
- 将来：团队在未来继续合作时，有哪些地方需要改善？

1 团队你. 我. 他

体验目的	以摆放橡皮圈的距离，让成员表达他们与小组的团队关系。
运用步骤	1. 请组员按团队一起经历、观察和感觉，量化与队员关系的距离，将橡皮圈按亲疏摆放，关系紧密则放在较近位置，关系疏离就把对象放于远离位置； 2. 轮流分享彼此之间团队关系。 
整理经验	♦ 谁与你最近/较远？什么使你们这么近/那么远？ ♥ 你满意这样的距离吗？你会怎样形容你们之间的关系？ ♠ 你发现自己在团队中处于的位置是……原因？ ♣ 若有机会重组彼此之间距离，你会如何重新摆放？
走进教室	班主任课/球队/大哥哥大姐姐计划/领袖生训练计划等活动 40位同学常在一起，是名副其实的团队，但当中每一位的向心力如何？这个活动可让同学表达对群体的感觉，及自己在当中的位置。教师可在黑板上画一个大圈，团队的核心在中央，问他们距离这个团队有多远。同学可分组出来表达，若位置有限，则可邀请他们在工作纸上画。此活动可在学年中期进行。

材料：对象可选择石块/树枝/木衣夹/珠子/独立包装糖果/小吃等。

场地： 

时间：30分钟

2 团队优秀展

体验目的

设计团队展览内容，发掘团队优点，从而激励团结合一的精神。

运用步骤

1. 每人一小卡，写下团队值得推介的优点。
2. 组员轮流分享。
3. 排列和整合共同确认的内容。
4. 制作展板，美化和修饰内容。

整理经验

◆ 大家有何贡献，以致能制作出这块展板？
♥ 对彼此之间默契，你的满足度数(最高 10 分，最低 1 分)有多少？
♠ 从展板中，你发现团队共有哪些优秀和互补之处？
♣ 迈步向前，我们需要多做些什么，才能达至理想的团队？

走进教室

通识教育课/公民教育课
这是个收集大家意见及看法的互动项目。大家交换意见，经过思考后评分，对团队精神这课题应有较深的了解。

材料：白纸及笔。

场地：

时间：30 分钟

3 各有功用

体验目的	团队就如人的身体，由不同部分组成。透过身体的图像，表扬成员各有不同的专长和贡献，从而催化各人继续齐心协力，发挥团队合一的精神。
运用步骤	1. 把六张身体不同部位的图像，分散摆放于桌面上。播放音乐。 2. 请组员在场内漫步，安静欣赏音乐及回顾与队友一起的经验。 3. 请组员选择其中一个图像，代表自己曾经贡献的专长。当音乐停止时，请站在选择之图像旁。 4. 然后轮流分享选择的图像。 5. 若时间许可，可再来两个循环。
整理经验	♦ 最多组员选择哪一部分？原因是…… ♥ 你满意团队/自己的贡献吗？ ♠ 你发现团队组员如何发挥各人所长？ ♣ 还有其他部分，团队仍需要发展的是……？
走进教室	球队/大哥哥大姐姐计划/领袖生训练计划等活动 这活动以身体不同部位比喻作一个群体，同学可以此来表达自己在学校中的不同位置，是个不错的比喻。

材料：六张身体不同部位的图片（参考页 111）、轻松愉快音乐及音乐播放器材。

场地： 

时间：30 分钟

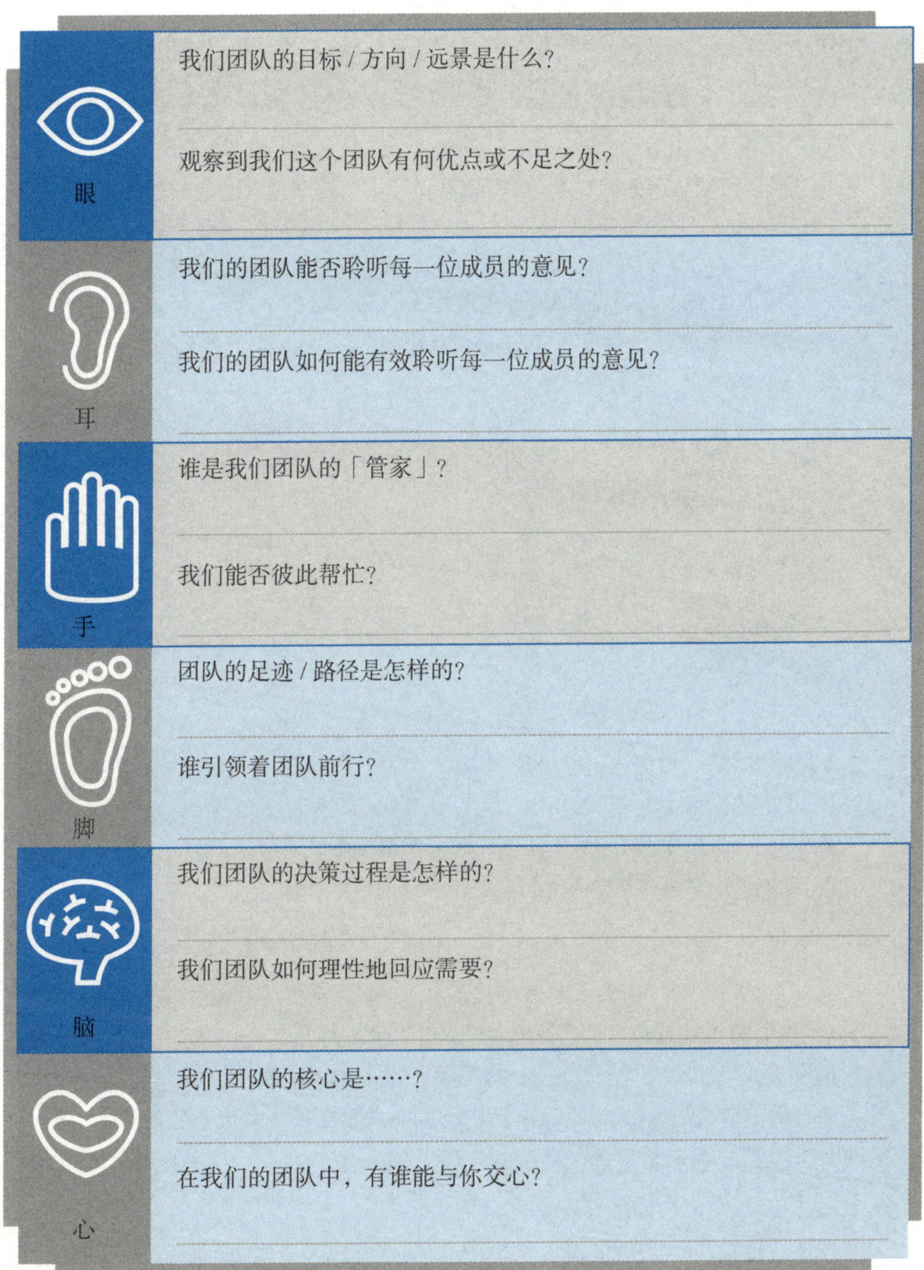
我们团队的目标 / 方向 / 远景是什么？
观察到我们这个团队有何优点或不足之处？
眼
我们的团队能否聆听每一位成员的意见？
我们的团队如何能有效聆听每一位成员的意见？
耳
谁是我们团队的「管家」？
我们能否彼此帮忙？
手
团队的足迹 / 路径是怎样的？
谁引领着团队前行？
脚
我们团队的决策过程是怎样的？
我们团队如何理性地回应需要？
脑
我们团队的核心是……？
在我们的团队中，有谁能与你交心？
心

图 8.2　身体不同部位图

4 我们的掌印

体验目的

以绘画掌印来总结团队重要的事项或情境，重新调节彼此的合一精神。

运用步骤

1. 每人派发一支画笔，请他们在大画纸上绘画自己的掌印。
2. 安静回顾，列出群体能够携手同心合作的十项要点，写在掌印的指头上。
3. 彼此分享。

整理经验

- ♦ 排列团队优点优先次序……
- ♥ 我们的凝聚力有多少(高度/中度/低度……)?
- ♠ 我们各人贡献了什么，才能出现掌印上的十项要点?
- ♣ 我们的团队将要怎样延续，才能达成共同目标和使命?

走进教室

学生会团队/剧团/辩论队等营会中

这些活动以掌印代表整个群体走过的轨迹，适合于群体在认识期及以后的时期进行，如两年甘苦与共的学生会团队、三年千疮百孔的辩论队、五年经历得与失的剧团……大家回顾和整理一些集体回忆，可重建对群体的归属感及凝聚力，重燃向前的决心。此活动因要进行较长时间，适宜在训练营会中使用。

材料：大画纸、笔。

场地： 

时间：30 分钟

5 团队造型

体验目的	以团队造型总结合一精神。
运用步骤	1. 用 10 分钟时间讨论团队内合一团结的素质。 2. 选取一个造型，例如：风车、汽车、机器等，代表团队发挥的素质。如果是人形则由组员自行创作。 3. 若是几组人一起，可轮流观赏及分享有关的素质。 4. 为大家所拥有的素质欢呼及赞赏。
整理经验	◆ 这个造型代表了团队什么状态？ ♥ 能够成为团队一员，你有什么触动说话想同大家讲？ ♠ 我们的团队是怎样启动其中默契和配搭？ ♣ 下一步，大家如何延续彼此之间已建立的团队精神？
走进教室	成长营/领袖训练营会 一个具震撼力的造型，可道出大家共同的感受，也引起大家会心的微笑。这活动亦适合作为一些成长、领袖训练营会的破冰活动，如请众人表达一个期望的团队，让大家有共同目标和方向。不过活动前宜安排一些热身游戏，让同学先熟络，才会更投入地表达。

材料：按造型的需要安排。

场地： 

时间：30 分钟

6 VIP到访

体验目的	设计一辑向到访VIP汇报内容，藉此总结团队重要的事项或情境，并重新调节彼此的合一精神。
运用步骤	1. 把一张VIP坐椅放在小组内。 2. 请成员先选择一位最想邀请的VIP，如：父母、伴侣、好朋友、老板、上司、老师、火星人、5岁的小朋友、记者、顾客等。想象这位VIP就坐在空椅上。 3. 轮流将团队重要的事项或情境向VIP汇报。 4. 总结分享的事件有何相近及需要改善之处。
整理经验	♦ 汇报内容中，你最深刻的是哪个情境或哪件事情？ ♥ 作为团队一员，你感觉到…… ♠ 透过汇报，你发现团队是怎样建立起来？ ♣ 你期望VIP能给予你们怎么样的回应？
走进教室	班主任课/公民教育课 此活动适合初中的同学运用其想象力，向VIP及队友表达团体精神的重要性及要点。老师可将重点写在黑板上，鼓励同学在未来一年内努力实践。

材料：草稿纸、笔、椅子。

场地： 

时间：30分钟

7 团队要素

体验目的	拣选小卡，发现团队具备的要素。
运用步骤	1. 将团队要素小卡放在小组中央。 2. 请全组成员讨论及选择五张小卡，代表团队表现最强的五项要素。 3. 轮流分享他们的选择及其原因。
整理经验	◆ 什么吸引你选择了手上的五种团队素质？ ♥ 拥有这些要素，使你回味到…… ♠ 我们团队能发挥这些要素，主要原因是…… ♣ 我们仍需要发展的素质是……
走进教室	通识教育课/公民教育课 此活动可在教室内分组进行。同学分别选出五项团队要素，然后在大班中汇报。讨论这些要素时容易流于思考层面，故应鼓励同学在讨论时，以他们的实际经验说明实践时的情况。老师亦可先分享以往的成功或失败例子，让同学深化此课题的内容。

材料：团队要素小卡（参考页116）。

场地： 

时间：30分钟

归属感	盼望	委身	宽恕
领导	沟通	真诚	专注
韧力	纪律	多元化	活力
决策力	合作	忠诚	创意
勇敢	技能	目标	尊重
合一	欢愉	决心	展望
鼓励	挑战	庆贺	信任

图 8.3　团队要素小卡

8 团队业绩

体验目的	以测量表检视及了解团队之间的队工状况，重新调节彼此的合一精神。
运用步骤	1. 每人获分派一张团队业绩量表。场内播放音乐。 2. 组员按自己的观察和经历填写。 3. 逐点轮流分享。 4. 总结全组的看法。 5. 若是正面，提出建议庆祝的方式；若仍须努力，邀请各人提出建议改善。
整理经验	♦ 在12个元素中，哪一个元素对你是最重要的？ ♥ 团队发展至这个阶段，你满意团队得分结果吗？ ♠ 团队最强的是哪一项？原因是…… ♣ 你认为团队在哪一项仍要多努力，去帮助我们达至完满呢？
变化	可把团队业绩量表列出的12项元素取出来，让每位学员从12项元素中再选出最重要的5项元素。请学员把选择的5项排列优先次序，1为最重要。最后组员轮流分享及总结全组的评价。
走进教室	班主任课/通识教育课 此活动与“团队要素”类同。同学填完问卷后，老师以近日班中发生的事件作例子，可取一两题与同学深入讨论，并邀请同学发表意见。讨论这些项目时，同学容易流于空泛之谈，故此教师可再三问清楚，例如：有什么真实例子说明“鼓励和支持成员接受挑战”。将一些理念实践于生活中，是每个人一生的挑战。

材料：团队业绩量表(参考页118)、轻松愉快音乐及音乐播放器材。

场地： 

时间：30分钟

项目	经常	多数	有时	很少	从不
	5	4	3	2	1
1. 团队具备共同的目标					
2. 彼此支持、信任					
3. 有效沟通：清楚传递彼此的想法、专注聆听、鼓励和接纳不同的意见					
4. 正面和公开处理团队内的冲突和矛盾					
5. 团队建立是我们首要的和重视的工作					
6. 鼓励和支持与成员接受挑战					
7. 共同合作是团队与成员寻求双赢的基础					
8. 各尽其职，如同一人向着目标共同努力					
9. 不断奋进，力求更新					
10. 共同分担带领责任					
11. 团队产生自己的规范和价值观，促进成员一起合作					
12. 共同承担结果					
总分：					

图 8.4　团队业绩量表

参考数据：Nadler，Reldans & Lucker，John L.（1992）. Processing The Experience：Strategies to enhance and generalize learning. U. S. A.：Kendall/Hunt Publishing Co. p. 245.

9 团队拼凑图

体验目的

选择团队内各人的心迹，让成员整理团队的整体利益。

运用步骤

1. 分派颜色小卡片及颜色笔。
2. 安静 5 至 10 分钟，让组员回望团队发展的进程及对团队的看法，写在颜色小卡片上。
3. 组员轮流分享，并将小卡片拼在一起，贴在大画纸上。
4. 若是正面，提出建议庆祝的方式；若仍需努力，邀请各人提出改善建议。

整理经验

◆ 是什么原因使你们选择这个句子，来描述大家的贡献？
♥ 能够成团队一分子，最感动你的是……
♠ 在这个团队中，大家学习/收获最多的是什么？
♣ 未来，你期待这个团队如何群策群力？

走进教室

领袖训练营会活动
这活动适合一些成长、领袖训练营会的小组建立项目。请组员写出他们期望的团队的模样，让大家有共同目标和方向。若在班中进行，则适宜分小组先讨论，然后再汇报，老师写在黑板上总结及整理。

材料：大海报纸及颜色笔。

场地： 

时间：30 分钟

10 5分钟剪影

体验目的	把团队的重要片段剪辑出来，让队员整理团队的进程。
运用步骤	1. 邀请一位摄影师将过程拍摄下来。 2. 由成员选取其中一个最具代表性的片段，然后播放。 3. 分享各人选择的原因及补充该片段的数据。
整理经验	◆ 什么原因，使你们拣选这一个片段？ ♥ 这一幕，最让你回味的是…… ♠ 看完剪片，大家对这个团队有何新的认识？ ♣ 如果再有机会重拍，你们会作何修改？
走进教室	户外全方位学习 真正的学习不应限于课堂内，也应多运用校外资源，让学习更多元化。这活动适合在一些户外学习的处境中进行，把活动经过拍摄下来，之后播放，以另一角度看自己的团队表现，将有意想不到的效果。最理想是同学看完影像回放后，写下一些对自己及团队的反思，也可运用“团队业绩量表”（参考页 118）。此活动让学生更具体地重温每一环节，很有效果。老师若引领讨论及提供延续的学习，如：提供校内或小区服务的机会，必加速学生的应用和学习的机会。

材料：摄影机、计算机剪辑及视频放映设备。

场地：

时间：60 分钟

经验回顾——自省行动

“团队精神”对你而言有些什么独特的体会或感受呢？

1. 现时你参与了哪些团队？

____

____

2. 在其中，你的角色是……

____

____

3. 我们参与过不少的团队，哪一个团队令你印象最深刻？你对该团队的投入程度如何？对你带来哪些影响？

团队名称：____________________

____

岗　　位：____________________

____

评　　价：____________________

____

____

____

____

第 9 章 有效沟通

英文沟通(Communication)一词源于希腊文,有传情达意,交换彼此的意念、感受与态度的意思,除了要让人明白,更要互相回馈。所以,**沟通的目的在于去除发讯人和收讯人的阻碍,令信息可借着适当的渠道畅通无阻地传达**(见图 9.1)。

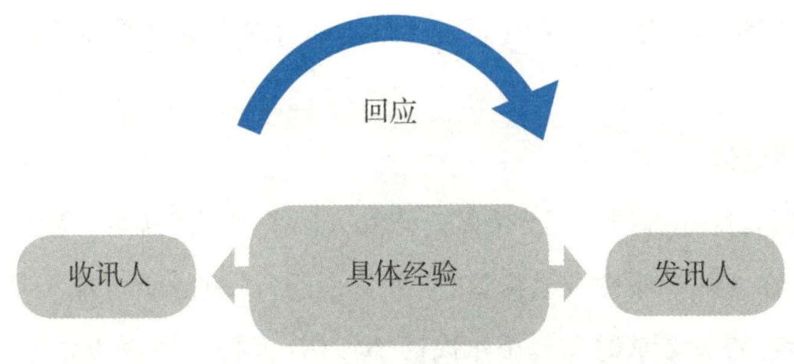

图 9.1　畅通无阻的沟通

主题概述

人际沟通是一种信息交流的过程,可藉由文字、图像、语言、表情、动作等媒介,在人与人之间产生互动。《为什么我不敢告诉你我是谁?》一书的作者约翰·鲍威尔(John Powell)提到,人际沟通可分为几个层次:

1. **破坏性沟通**——利用不同渠道传达破坏性的沟通,使别人在其中受害。

2. **陈腔滥调的沟通**——在一般社交中出现的肤浅及虚假的沟通。

3. **传讲他人的沟通**——在人际沟通中谈论对其他人的看法和见解。

4. **分享自己思想的沟通**——分享自己对事情的看法、思考和见解。

5. **分享自己感受的沟通**——双方分享和表达对自己的感受。

6. **肝胆相照的沟通**——能真诚表达自己和对对方的感受,心灵有深入交流。

传递信息之外

青少年拥有良好沟通技巧,可有较佳的人际关系,容易与人建立友谊。缺乏沟通技巧,则在人际关系中容易碰钉,影响自信心,严重的更可能抽离社群。**作为青少年工作者,若能多掌握与青少年沟通的技巧,可有效与青少年交心,协助他们成长**。

若以社会学家提出"镜中我"(Looking-glass Self)的概念来理解,就更明白沟通对个人成长的重要性。在人际沟通中,别人对我们的真诚回馈,就如一面另类镜子,给我们检察自己的行为,从而可作出改变和修正。假若老师多称赞青少年的言行,青少年亦可从过往扭曲的自我形象中逐渐改变过来。

托马斯·高登(Thomas Gordon)在《教师效能训练》一书中曾提醒老师,有效与学生沟通有助于建立师生关系,故此老师的说话技巧极其重要。现实治疗学派大师威廉·葛拉瑟(William Glasser)提倡的"选择理论"(Choice Theory)指出,很多时候人与人之关系往往遭到一些外控心理学(external psychology)破坏,我们满心以为使用"沟通坏习惯"可令他人就范,但对方却因此惧怕或不能满足需要,结果不肯再与自己沟通。相反,我们若刻意使用"沟通好习惯"作为沟通的基础,双方的关系就可和谐愉快。

沟通好习惯 Seven Caring Habits	沟通坏习惯 Seven Deadly Habits
• 支持 supporting • 鼓励 encouraging • 聆听 listening • 接纳 accepting • 信任 trusting • 尊重 respecting • 协商 negotiating differences	• 挑剔 criticizing • 指责 blaming • 埋怨 complaining • 唠叨 nagging • 威吓 threatening • 惩罚 punishing • 贿赂或用奖赏来操控 bribing or rewarding to control

图 9.2 沟通好习惯与沟通坏习惯内容

面向 21 世纪的情况，沟通方法主要是网络型的，传递的方法是多元而互动的。梁永泰博士在《新领袖 DNA》一书内指出，新世纪的沟通技巧至少有四方面能为青少年工作者带来启发：

1. **讲故事的能力**——尤其以多角度、多视点讲故事。

2. **聆听的能力**——聆听比说话更重要。

3. **提问的能力**——发问比答问题更重要。

4. **与公众对话的能力**——能与公众对话要比单方面传讲信息更重要。

在此补充一点，除了与人沟通外，与自己的心灵对话、与上苍沟通，也是滋养自己、与内在的自己和谐相处之道。聆听自己和从上而来的声音，使我们更明白为何要沟通，以及自己真正的需要是什么。

扪心自问——人际沟通的挑战

一、对方封闭，怎么办？

基本上，我们不能强迫他人与自己沟通，若非出于情愿，沟通可能只是敷衍了事。很多时候，老师或社工都投诉同学在小组内不肯与组员沟通。我想，组员不肯与别人沟通可能是：

- “不懂”用什么词汇表达自己的想法和内心感受；
- “不知”自己有什么想法和感受；
- “不想”向组员/导师表达想法和感受；
- 一些只有自己才知道的原因；
- 其他原因。

前两项“不懂”和“不知”牵涉学员自我表达及自我觉察的能力，较容易解决，只要用一些威胁性较少的工具(如图片、绳子、情绪卡)，就可协助他们表达自己的感受，工作者也可以提问方式引导他们讲出自己的感觉。第三项“不想”则是动机的问题，可能是组员感到没趣、无聊，不想表达。**工作者需要了解他们真正“不想”的原因，慢慢与他们建立关系，深入了解、真心聆听，才有机会开启与他们沟通**

之门。

二、 愿意沟通就再没障碍？

传达信息的过程中，常出现一些障碍和问题。我们都玩过一个"以讹传讹"的游戏吧。若信息又长又复杂，很容易会在传递过程中出错；若信息经多人传达，出错机会亦很大。所以，为确保沟通清楚、准确无误，聆听和响应技巧都极其重要。

聆听者要放下判断，从对方的角度理解事情对他的意义，切勿以偏概全；也要留意对方非语言的表达，如姿态、表情、动作……这些都表达了一些信息。聆听者在适当的时候响应，可重复一些对方的感受，以确认收到的信息，也让对方知道你在聆听，正尝试明白他的处境。

要在小组成员间进行有效沟通，导师要发挥领导的角色，引导组员在安全的情况下，将一些小组隐藏的问题表达出来。若问题一直得不到解决，则可能会阻碍小组的发展和组员之间的信任。

三、 无言无语也可沟通？

笼统地说，沟通方式分三大类：文字语言沟通、非语言沟通以及图像或符号沟通。

进行解说活动时，我们除可使用"4F"解说技巧（言语沟通）、心灵札记（文字沟通）来引发青少年理解自己的经验外，还可以定格动作协助他们去表达内心感受

(非语言沟通),这对抗拒文字的学生较合适。此外,也可运用图像(如天气图、动物图等)或其他符号,让学员表达自己内心的感受和经历。

四、沟通心法

卡尔·罗哲斯(Carl Rogers)常提醒助人者,沟通除了讲求技巧外,也应具备以下三种素质:

1. **真诚**——以真诚的态度与青少年分享,包括你的挣扎、此时此刻的感受。

2. **接纳和信任**——用接纳的心去面对他们的行为,也用信任的态度接受他们的承诺。

3. **同理心**——代入青少年的内心世界,易地而处,体会他们的感受。

这三项素质是你的信念和价值吗?你愿意以开放的心与青少年沟通吗?

受教时刻——建立真诚的回馈

以下介绍的十个解说项目,是以“镜中我”的概念,协助青少年检视自己沟通与聆听的情况。故此工作者解说时的提问重点应在于:

重点发问

- 事实：请指出哪种是你们最有效交流意见的情境？
- 感受：当你表达意见时，你的心情如何？当你无法了解对方或被了解时，你的感觉如何？
- 发现：你学习到哪些可以增强自己沟通的技巧？
- 将来：如何进一步加强彼此之间的沟通？

1 Q版襟章

体验目的	组员以襟章表达想学习欣赏，藉此学习互相沟通。
运用步骤	1. 两人一组。 2. 每位选一个襟章，代表自己期望值得欣赏的素质。 3. 每位与伙伴互相分享5分钟。 4. 提醒各位遵行聆听守则：尊重、专注、简短回应。
整理经验	◆ 你期望值得欣赏的素质是…… ♥ 当你被欣赏时，你有何反应？ ♠ 有什么因素促进你表达自己或聆听对方的分享呢？（环境安静、对方乐于分享、引起共鸣……） ♣ 要多做一点什么，才能促进我们之间的沟通呢？
走进教室	成长活动 课堂内，两人小组的沟通易于安排及控制。同学可就题目自由分享。分享完毕，老师可请一至两个小组互相汇报对方所分享的内容。另外，老师可按同学的特色和需要，自行制作襟章。

材料：Q版襟章若干个。
（例如火柴人系列的襟章印上有关性格、素质等内容）

场地： 

时间：20分钟

2 立志宣言

体验目的	帮助组员公开表达并肯定自己的学习和发现，立定心志继续实践，给其他组员鼓励和支持自己。
运用步骤	1. 活动后，请参加者先安静，将过程中的发现逐一写在纸上。 2. 然后订下如何实践计划，写在立志卡上。 3. 请参加者逐一站起来，在众人面前宣告订下的计划。 
整理经验	◆ 你的立志是…… ♥ 向众人表达自己的立志宣言有何感受？ ♠ 你平日有机会向人分享心中所想的计划吗？ ♣ 踏步向前，你需要大家怎样支持你呢？
走进教室	领袖生/大哥哥大姐姐计划等活动 领袖生或大哥哥大姐姐计划一开始，同学写下立志宣言，并向其他同学大声朗读，让彼此清晰表达心声。对宣读者来说，在众人面前表达是整理信息且内化的历程，老师可把过程拍摄下来，在计划完结时重温，让同学检讨、回顾及整理。

材料：立志卡（参考页132）、纸和笔。

场地： 

时间：20分钟

我的立志

我__________愿意全心投入__________计划，并立志：

____

____

____

____

____

____

____

____

____

直至完成计划为止
谨此立约，以表宏愿！

立约人签名：

见证人签名：

日期：

图 9.3　立志卡

3 传情信封

体验目的

组员间互传心声、信息，学习更有效之人际沟通。

运用步骤

1. 每人预备一个具有个人特色的创意信封。
2. 每人分派若干卡片/小纸条。
3. 自由写上对组员的回应和心声。提醒各人要以建设性的响应为原则。
4. 把卡片/小纸条放入所属组员的创意信封内。
5. 部分组员也许好奇心过重，会偷看其他组员的信封，工作者要提醒组员尊重他人隐私。

整理经验

◆ 别人给你的响应，你同意吗？
♥ 当你收到组员响应时，感受如何？
♠ 遇上了些什么，使彼此有这样的沟通模式？
♣ 有哪些途径，可以促进我们相互间的交流？

走进教室

成长活动/营会
基本上，每一个人都喜欢知道别人对自己的感受和反馈。这个活动很受年轻人欢迎，因为这种沟通不太直接，富神秘感，所以大家都喜欢给人写响应。要留意的是他们或会偷看其他人的信件，或者有同学写些恶作剧的字句，故此在活动开始时，要先与同学订立一些“黄金守则”，如：互相尊重、坦诚分享、尊重私隐、积极正面响应……

材料：信纸、卡片、创意信封（可使用袜子、设计纸袋）。

场地： 

时间：自由控制

4 我是谁？

体验目的	组员互相交换角色卡，了解自己给他人留下什么印象。
运用步骤	1. 可把角色卡制作成工作纸或图片卡。 2. 四人一组，每位成员随机抽出八张。 3. 按直觉轮流把角色卡交给最合适的组员。 4. 当该组员收到角色卡后，若觉得不适合自己，可继续将它交给别人。 5. 约 10 分钟后停止交换，每人最后有八张卡，轮流分享他们的观察和感觉。
整理经验	◆ 清点手上的角色卡，它们适合你个人的特质吗？ ♥ 当收到喜欢/不喜欢的角色，感觉如何？ ♠ 什么原因，你被形容为这些角色卡？ ♣ 若让你舍弃三张角色卡，你会选择哪三张？
走进教室	成长课/公民教育活动 每个人对他人都有一套直觉的看法，这种看法未必完全准确，却可从他人的眼中窥看及了解自己给人留下哪种印象。这个活动适合在成长课、班主任课中进行，以四人一组，互相分享对他人的看法，藉此增进对自己的了解。

材料：角色卡（参考页 135）。

场地： 

时间：25 分钟

行动者	行政人员	挑战者	拥护者
老师	大明星	跟随者	艺术家
助手	运动员	救生员	临时演员
保护者	教导主任	米饭班主	歌手
牧师	照顾者	独裁者	汽车司机
骗子	焦点人物	小丑	顾客
穷光蛋	教练	喜剧演员	竞争者
国王	环保人士	贡献者	厨师
协调者	辅导员	老板	舞蹈家
守门员	导演	医生	梦想家
老人家	音乐家	廉政专员	警察
反对者	护士	偷心者	中立人士
管工	朋友	园丁	策划者
英雄	家庭主妇	发起人	演讲者
记者	全知音	工人	律师
领袖	推销员	聆听者	观察者
服务员	有钱人	维修工人	师傅

图 9.4　角色卡

5 背后支持你

体验目的	组员互相响应,可从别人眼中认识自己,对自己了解更多。
运用步骤	1. 将一张白纸贴在每个学员背后。 2. 学员走到其他人背后,在纸上写下对他欣赏及觉得他有进步的地方。 3. 待全体写完后,最后由组员选出“最深刻的回应”“最心甜的回应”“最贴切的回应”“最意外的响应”“最不同意的响应”等等。如时间不充裕,则可选其中几项分享。
整理经验	♦ 你最喜欢哪些回应? ♥ 当你收到贴切/意外的响应时有何感受?有什么想向写回应的人说? ♠ 这些响应,令你重新认识自己些什么? ♣ 有哪个响应,引发你作出行动来响应?
走进教室	成长活动/营会 这个活动与“传情信封”有相同的目的,让同学知道别人对自己的感受和响应。唯一不同的是这个活动有较多的身体接触,表达更直接和温馨,故适合一些彼此较有信任或较成熟的青少年。活动最好安排在较大的空间进行。

材料:白纸、颜色笔。

场地: 

时间:30 分钟

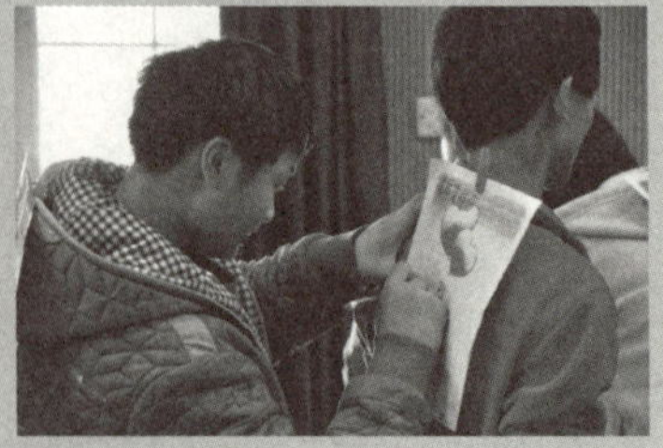

6 四季景致

体验目的	以四季的景致来形容小组的进程，或个人学习的进展，帮助他们表达对小组的期望。
运用步骤	1. 可将四季景致的图片制成工作纸或图片卡。 2. 每位成员选择其中一张最贴切形容小组此刻境况的图片。 3. 轮流分享他们的观察和感觉。
整理经验	◆ 哪一个季节，最能贴切形容你身处小组的状况？ ♥ 哪一个季节，最能表达你对小组满意的程度？ ♠ 有什么土壤/环境，使我们的小组常处于这一个季节？ ♣ 你期望小组常处于哪一个季节？
走进教室	班会时段/班主任时间 基本上，四季景致可比喻为小组的不同阶段，却又可借用来形容同学的状况。进行这个项目前，最好邀请同学在周记或心灵札记中，以季节的特色来描述班中的现况、期望的状况。收集后，老师可初步统计，在班主任课与同学分享结果或某些内容。这活动若在信任、坦诚的气氛下进行，可凝聚全班同学，亦可让同学对班内的问题或困难，有表达和沟通的机会。

材料：四季景致图(参考页138)。

场地： 

时间：30分钟

四季的天气和景致特色简列如下：

春天
最美好、光明、璀璨的日子。

小组的阶段

春回大地，防卫如冰雪溶解。

特点

信任建立、焦虑减少、小组开始向共同目标发展，关系稳步上扬。

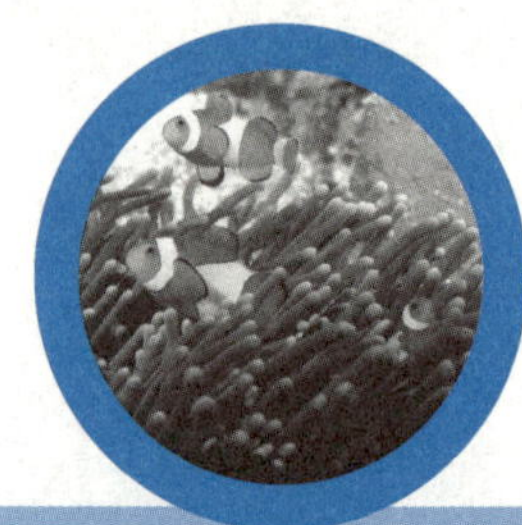

夏天
最炎热的季节。

小组的阶段

热情澎湃，充满活力和动感，是小组的成长和丰收期。

特点

彼此信任达到高点、愿意开放分享自己、愿意冒险、关心其他成员和乐于贡献自己。

秋天
气候逐渐凉爽。

小组的阶段

树木枯黄，准备进入冬眠及静止状态。

特点

组员检视成果，将整理得出的学习应用于日常生活中。在这阶段有些小组会庆祝成长，有些会把学习转往其他方面发展。

冬天
最寒冷的季节，需要穿着较厚和保暖的衣物。

小组的阶段

防卫性较强，避免受寒。

特点

信任较低、容易焦虑、关系如土地般冰硬，气氛紧张。

图 9.5　四季景致图

7 分享摩天轮

体验目的	组员互相表达在活动中不同的感受和片段，能增进对自我及群体的了解。
运用步骤	1. 把分享项目制作成工作纸/小卡。 2. 每位组员抽一张，然后安静思考1分钟。 3. 组员轮流分享。 4. 当组员分享时，请所有人放下/反转小卡，专心听别人分享。
整理经验	◆ 哪些句子，最能使你有机会畅所欲言？ ♥ 与其他组员最有共鸣的是…… ♠ 专心聆听组员分享时，最需要具备什么条件？ ♣ 再要表达自己/聆听他人时，你要注视的是？
走进教室	大型集体经验活动后 学校内常举行不同的大型活动，如饥馑日、师生欣赏日、环保服装设计大赛、拉拉队比赛等，牵涉多人参与，都会给学生带来不同的感受和深刻的体验。群众间互动的学习经验，亦常在过程中产生纠纷和争执，因此这个解说项目适合在大型集体活动后进行。老师可请同学分小组或抽签分享。

材料：将分享项目(参考页140)制成小卡。

场地： 

时间：30分钟

在过程中， 我最深刻的三件事……	学习到的是……	最喜欢的是……
最不喜欢的是……	最深刻的是……	最难忘的是……
我的小改变是……	最震撼我的项目是……	最令我惊叹的 一个情境是……
最辛苦的是……	最希望改善的是……	与小组 最合拍的地方是……
我最喜欢的项目……	最好的是……	小组内 最值得欣赏的人是……
我期望……	最有成功感的经验是……	对自己最大的发现是……
最完满的是……	最有意义的是……	心灵最平静的是……
我们的带领者是……	最不开心的是……	面对困境最坚韧的 一幕是……
最难过的一刻是……	令我情绪最高涨的 一刻是……	我对小组的贡献是……
使我感到自己 有能力的是……	我想多谢的人是……	我要道歉的是……

图 9.6　分享项目

8 人际沟通盒

体验目的	在一段较长的活动后，让组员互相表达对导师、小组组员、整体活动的响应，了解在过程中整体要面对的问题。
运用步骤	1. 先将组员分三组。 2. 每位组员获派六张纸，按三方面（导师、小组组员、整体活动）写下欣赏及改善的响应。 3. 写完后，放入所属的“欣赏”及“改善”两个盒子内。 4. 从两个盒子内平均抽出响应字条，分为三类（导师、小组组员、整体活动），每组负责一类，将响应写在大画纸上。 5. 完成后，把大画纸放在地上，大家安静地巡回围着观看。 6. 组员可就其他组员的响应，轮流分享他们的观察和感觉。 7. 最后导师可对组员整体作出建议及响应。
整理经验	◆ 最能畅所欲言的是哪一个项目呢？原因是什么？ ♥ 当大家互相传递响应时，你最兴奋(high)/低落(down)的是？ ♠ 透过彼此回应，发现我们最佳的交流途径是…… ♣ 展望未来，如何巩固我们之间的沟通管道？
走进教室	班会时段/班主任时间 此活动适合在开学一两个月后或学期中段时进行。请同学按三方面（老师、全班同学、班会活动）作出欣赏及改善的响应。若老师已能与同学建立良好关系，此活动可引导同学有更佳的讨论和思考空间。

材料：小纸张、两个盒子、大画纸、颜色笔。

场地：

时间：30 分钟

9 我的小时候

体验目的	组员互相访问“小时候”的情况，了解大家在不同成长历程中的事件及感受。
运用步骤	1. 每位组员派“记得小时候宾果纸”一张。 2. 先在每格内填上有关项目，然后找出其他做过相同事件的组员，在该格的圆圈内签名。例如第二格内填上了“小学时最喜欢打排球”，则邀请其他也同样在小学时最喜欢打排球的组员签名。 3. 10 分钟后，导师随意抽出不同组员名字的字条。 4. 组员圈出已叫到的名字，最快“过三关”（直行、横行、斜行均圈了名字）即获胜。 5. 最后，两人一组分享其中三格的内容，及活动过程中的感受。 6. 鼓励及提醒各人专心聆听，并简单响应对方。
整理经验	♦ 谁得到最多的签名？原因是：（主动、积极找人沟通、勇于尝试等） ♥ 当你找到/找不到一个与你内容项目相同的组员时，你的反应是？ ♠ 在哪种情况下，你最容易/困难表达自己？ ♣ 下次再与人交流时，我会尝试如何进一步表达自己的想法和意见？
走进教室	成长课/德育课/班会时段 每位老师和同学都有其“我的小时候”。透过沟通，了解大家的童年趣事及回忆，有助增进彼此的关系，解除大家的防卫，增进同学的聆听及响应技巧。此活动适合在学期开始的班主任课，并最好安排在校内一些较大空间的地方进行。

材料：记得小时候宾果纸（参考页 143）、小纸条。

场地： 

时间：30 分钟

图 9.7　记得小时候宾果纸

10 镜子问与答(Q&A)

体验目的	组员凭直觉，推测对方的一些事及自我形象的分数，藉此引发组员讨论“别人眼中的我”的问题，对自我有另一方面的认识（此活动适宜一些较有动机想去认识自己及愿意认真响应的组员）。
运用步骤	1. 每位组员获派镜子问与答（Q&A）工作纸一张。 2. 两人一组，相对而坐，但不要让对方看到自己的答案。 3. 填写后，大家交换看。 4. 最后互相分享：看见对方打的分数后有什么感受？活动过程中有哪些感受？ 5. 鼓励组员勇于沟通，及澄清对方所表达的意思。听完对方的话后亦要勇于分享自己真实的状况。
整理经验	♦ 收到对方给予的分数，你最关注的是什么？ ♥ 你喜欢别人眼中所描绘的自己吗？ ♠ 有什么因素促进/妨碍你与人沟通和表达？ ♣ 你计划如何令自己顺畅向人表达？
走进教室	通识教育课/成长课/德育课 建议同学找一些不太熟悉的同学分组。老师可改为读出题目，同学会较专心。基本上，同学都很有兴趣知道别人对他的看法，基于这点好奇，创设一个很好的沟通起点，让彼此分享对别人及对自己的看法。

材料：镜子问与答（Q&A）工作纸（参考页145）。

场地：

时间：35分钟

找一位不太熟悉的同学。请以你的直觉、第一印象回答以下问题，分享你对这位同学的看法：

1. 他 / 她在兄弟姊妹之中排行第几？ ______

2. 他 / 她在幼儿园至小学曾考第几名（1—10）以内？ ______

3. 他 / 她在小学曾做过班长？ ______

4. 他 / 她在小学时曾经获得的奖项（任何类型）：

______

______

______

5. 他 / 她除了学术以外，还有哪些专长（运动、音乐、美术等）？

______

______

______

请你用数字（1—10）表达「同意」和「不同意」的程度：
（极同意=10分，极不同意=0分）

6. 他 / 她是一个很受欢迎的人，很多人会找他/她倾谈。 ______

7. 他 / 她是一个很主动、外向和有创意的人。 ______

8. 他 / 她对自己的学业成绩很满意。 ______

9. 他 / 她很满意自己的外表（样貌、身形、衣着等）。 ______

10. 他 / 她觉得自己是一个非常开心快乐的人。 ______

图 9.8　镜子问与答(Q&A)工作纸

经验回顾——自省行动

“有效沟通”对你又有些什么独特的信息呢？

1. 与谁一起，最能令你畅所欲言？

2. 你们之间的沟通模式是怎样的？

3. 你有一位心灵相通的密友吗？

4. 与你心灵相通的密友，具备什么特质或条件？

第 10 章 难题解决

日常生活中，我们会遇到无数需要解决难题的时候。轻则如在茶餐厅享受哪款早餐，重则如被公司裁员后如何另寻出路。前者，是无伤大雅的决定；后者，却有深远的影响。若解决难题的过程牵涉其他人，乃至对自己的身心生活、家庭的和乐关系，以及所属的群体皆有举足轻重的影响，并非一下子能解决，那么抉择就得格外用心。

主题概述

难题解决含有排难解纷之意，解难的人或可称为鲁仲连。典故出自战国时期，鲁仲连是齐国人，专爱替人排难解纷，却不愿为官。在现实生活中，我们每天也扮演鲁仲连的角色，你同意吗？

难题解决最常见的例子是数学科目的程序计算，不同类的算术题都有其独特的程序和不同的变量，最终的目的是要算式相等。科学家牛顿不断寻找苹果从树上掉落的原因，在解决这道难题时顿悟出万有引力的定律，对当代及后世的物理学有着深远的影响。因此，**难题解决并不单是解决面前的困扰，往往对我们的生命或周遭事物有着重要的意义和祝福！**

解决难题的意义包括了：

- 接受人生困难/逆境是平常事；
- 辨认个人及专业的能力；

- 增强解决困难的能力和应付潜藏的压力；
- 学习与人寻求共识；
- 改善与人沟通的技巧；
- 学习处理冲突；
- 学习以正面态度解决难题；
- 增加面对困难/逆境的能力和勇气。

解决难题方程式

解决难题是一个寻找答案的过程，最终的目标是要身处的境况均衡安宁。与群体一起解决难题时，可依据“解难方程式”（SOLVED Model，Scott 1989）来处理。

一、提出问题（State of problem）

1. 以个人（我）表达对问题非批判的看法及感受。

2. 专注聆听，了解群体的观点和感受，以避免互相产生不必要的愤恨、攻击和防卫，而把事情恶化至不可收拾的地步。

3. 直接说出冲突和矛盾的要点，以免互相猜疑。

4. 与群体一起辨明问题的所在、困境，及已尝试的解决方案等。

二、开放讨论（Open discussion）

1. 给予每位成员表达意见的空间，让群体一起意识到问题的所在，以期共同承担责任。

2. 集思广益之下，刺激大家创意思考，搜集不同的解决方案。

三、列出可行方案（List any possible solution）

1. 将群体搜集而来的解决方案，逐一列出，以确认群体接收的每一项意见。

2. 每一项意见都应被尊重和列入考虑之列，这有助于群体处于困境时，仍可保持互相信任和尊重的气氛。

3. 列出可行方案，有助于群体整理有关资料；把相近的方案结连，将有距离的方案拉近联系。

四、否决不可行方案（Veto unacceptable solution）

1. 将每个方案的优点或不足之处逐一列出。

2. 按群体与个人的目标、方向、意愿、能力和资源的配合，选出较合适的方案。

3. 把方案的可行性排列优次。将最不可行的方案否决，以便集中考虑可行的方案。

五、检视其他可行方案（Evaluate other solution）

1. 每个方案均有其优点或缺点，实行前先预计将会遇到的困难和障碍。

2. 评估大家所能接受的限度、以及能承受的代价。

六、决定及采用可行方案（Decide and do the most acceptable and possible one）

1. 共同决定及采用一个可行方案。

2. 决定时，切忌施压或游说其他人；每一位均有选择权，每个人的决定都该被尊重。

3. 决定后，重申方案的内容、细则、实施的步骤、分工、结果等，让群体清晰掌握有关决定。

4. 信任每位参与者将能承担其责任。

解决过程时的反应

每个人解决难题时都有不同的反应，现尝试分类如下。第一类反应是正向的，是理想群体的成员素质，但通常遇到的是第二至第五类反应，又应如何面对呢？你的反应又属于哪一类？

1. **永不言败**——面对问题时，表现积极进取，尽可能以行动响应，直至达成目标。认识自己的能力和优点，懂得运用适当的方法及技巧去解决问题。这类人的人际关系良好，并且能获得信任。他们能清晰表达方案，并了解对方及自己的情绪和感觉，有助于制定未来计划和解决问题的计划。

2. **一走了之**——问题会带来转变中的不安和焦虑，的确难以面对，所以我们都想逃避。这是一种负面的态度。例如有人债台高筑，却突然间消声匿迹，家人和朋友都不知发生了什么事情，甚至要代还巨债。有些成员也会悄悄转换群体组别，以逃避困扰，但原本的群体却可能会受此影响而士气低落。

3. **唯我独尊**——其中一位或少数成员坚持自己所提出的方案，高傲自大，目空一切。他们用尽方法证明自己的方案是最合适的，而拒绝或压制其他的意见，令同组成员没有参与的机会。成员渐渐因遵照指示工作，成为例行公事，组内缺乏新意，甚或成为“一言堂”。

4. **置之度外**——将问题置之度外，把责任推卸给别人，对问题不加理会。例如学生把学习的问题归咎于教育制度、父母期望过高、老师教导不善等。员工把问题归咎于公司行政失误、上司管理不善或同事失职祸延所致。这类人不会从自己的角度先行反省，亦不会学习如何承担责任，群体亦不敢委以重任。

5. **以死要挟**——自毁行为近年成为城市人解决问题的手段，以逃避面对困扰。有些青少年遇到家庭关系不和、学习困难、生活不适应或前途抉择问题时，若结果并非他们所愿，就离家出走、滥用药物、性滥交、自我伤害等等。曾经接触一位女童，她手上有三百多条自残的疤痕，有些还有血渗出来，她的行为是因为无法面对当前的难题，结果问题并没有解决，反而添加了更多的苦楚。

扪心自问——排难解纷遇到更多困难?

解决难题的目标，就是把困难解决？各人的意见不一。因为，即使难题最后解决了，却破坏了彼此的关系；而难题解决不了，即未能达成目标。如此境况又怎样解决？

一、 难题定能解决?

难题解决有两个取向，一是目标取向（task-orientated），另外是过程取向

(process-orientated)。目标取向,就是将问题解决定为最终的目标。过程取向就是把重点放在过程中,以认识自己、开阔视野、坚持信念、提升与人相处的技巧、面对困难的能力、思考方式、组织能力等等为最终的目标。

能够解决问题,是众人尽力的明证及皆大欢喜的结果,但事情并不常尽如人意。若我们单看事情的结果,必会常常失望。

多年前我加入了一队义工服务。怎料加入不久,义工小组的负责职员就辞职了,所属机构派出另一位职员负责,他却对于组内的方向和模式很陌生,小组未能实时继续运作。那时,我们需要的是一位有能力带领小组的职员,但最终这并不是答案。组员并没有放弃,各人因着服侍青少年的热忱,愿意互勉,花了一年时间探索和试验,重新制订小组的方向和定位。小组的服务重新展开,我们亦从最初依赖职员的带领,发展成各人均可独当一面,这是我们最大的收获。

你认为,解决困难的最重要目标是什么?

二、 最终只有一个方法?

解决难题时,人们常常努力寻求一致的共识,以达到和平合一的理想。参加者若以不同的方法解决问题时,训练员常堕进唯一方法的陷阱之中,焦急地把组员引领回归"正途",以致组员没有学到真正的解决问题的技巧,只是按指示而行!

记得在一次培训中,我观摩一位训练员带领小组的过程,训练员不断向组员发问,誓要获得心目中的答案不可。组员是一班成熟的成年人,尝试礼貌地、努力地给予响应,但训练员似乎不太满意他们的答案,继续向组员施压,组员感到挫败，渐渐失去耐性，开始与训练员对抗，不再理会他。

你预备好的和计划好的答案，是否是唯一的答案呢？我们真正给予学员空间，是应该由他们发现，而不是我们讲授吧？

三、船到桥头自然直？

所谓“病向浅中医”，尽早接受治疗，切勿让病情恶化，也是解决难题的态度。我年少时有一位要好的邻居，每晚放学回家必在车站等候一起乘车。有一晚我在车站如常见到她，但她对我怒目而视，又不理睬我，把我吓呆了。我不懂如何面对和响应。从那次起，她再没有与我说话，我便失去了这位好朋友。现在每每想起此事，都令我耿耿于怀。若有机会给我重组当天的历史，我会改变自己的“拖字诀”，要抓紧她、面对她，澄清当中的误会，那样友情就不致无疾而终。

四、真正解决了问题？

在解决难题的压力下，积极进取的成员为了离开困扰的状态，会产生解决问题的动力，更推出个人认为可以解决的方案。若多于一位成员提出方案，或过于坚持自己的意见，却又未能开放讨论、寻求共识，便会产生权力斗争，出现唯我独尊、不能融合他人意见的情况。

各人集中处理问题的时候，较容易忽略他人的需要，或做出伤害别人的事，因而令成员感到不受重视和尊重。情感受伤害及忽视之下，很容易令成员自觉没有参与的机会，轻则默不作声站在一旁，重则愤怒离开。

所以，解决问题时容易引致关系恶化，特别是存有期望、怀着认真态度和全情投入的群体，彼此间为保证问题得到解决，很容易坚持个别的方案。由于价值观及方向的分歧，或过度坚持，不免对其他方案作出异见或批评，因而引起张力和冲突，继而破坏彼此的关系。

小心提防！难题总有方法处理，但关系破坏了，却是难于修补！

受教时刻——迈向成长方向

以下介绍的十个解说项目，是要学员反思过程中的发现，提升日后解决难题的能力，故此工作者解说时的提问重点应在于：

重点发问

- 事实：解决难题的过程中，大家做了些什么？
- 感受：面对难题时，你的心路历程是怎样？
- 发现：你如何面对困难？
- 将来：解决问题的能力上，自己仍有什么地方需要改善？

1 解难方程式

体验目的

重访解难的历程，以整理个人及群体在解决困难过程中的感受和观察。

运用步骤

1. 派发解难方程式的工作纸。
2. 各人安静反思，在解决难题时哪一道程序是最深刻的？
3. 记录后，全组围圈坐下，逐一展示自己的选择，轮流分享。

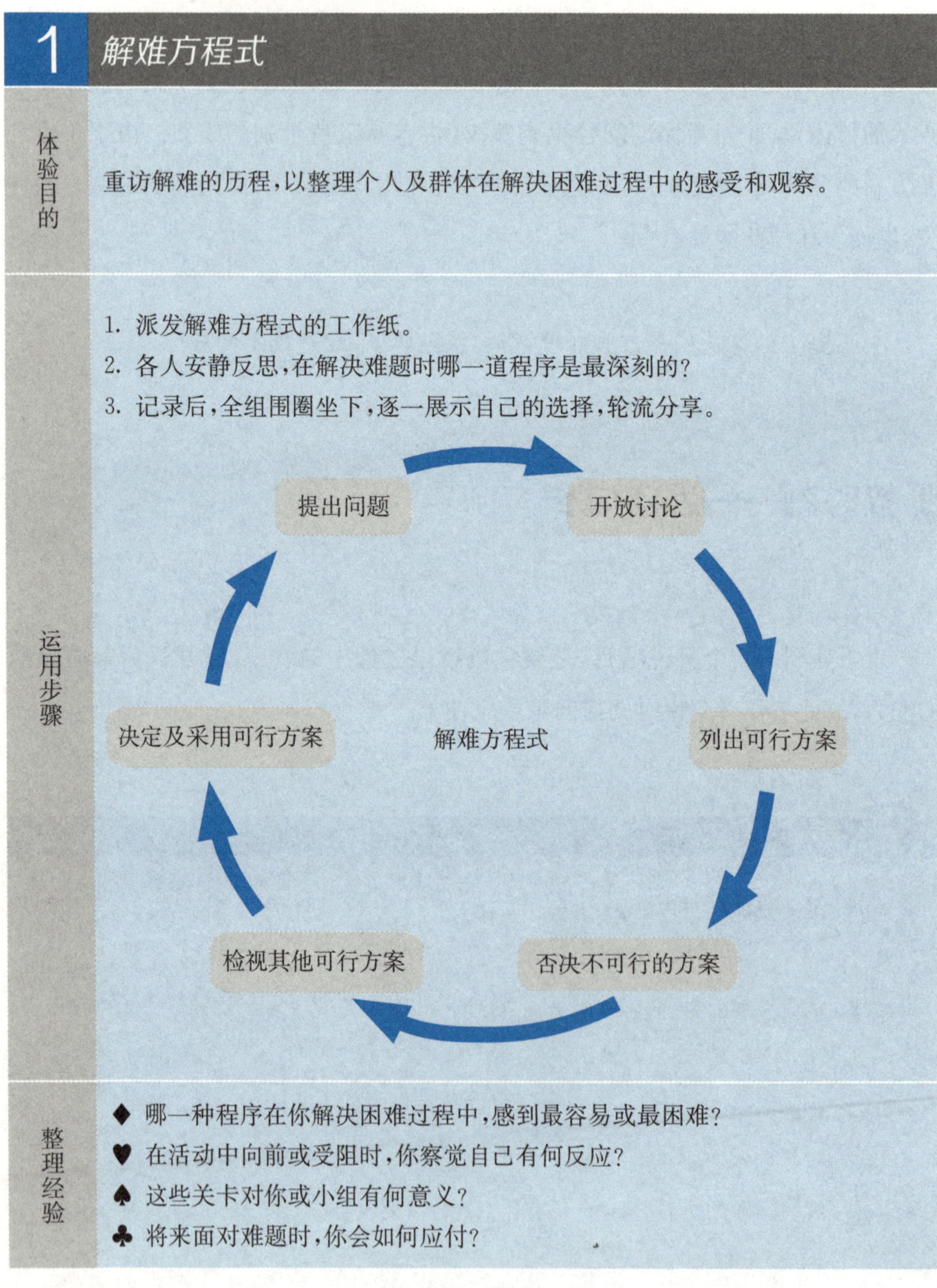

整理经验

♦ 哪一种程序在你解决困难过程中，感到最容易或最困难？
♥ 在活动中向前或受阻时，你察觉自己有何反应？
♠ 这些关卡对你或小组有何意义？
♣ 将来面对难题时，你会如何应付？

（续）

走进教室	班主任课/通识教育课/公民教育课 同学间常出现争执。解决难题的先决条件是同学能妥善管理情绪。藉解难方程式进行解说，可转换场景，让同学稍稍冷静下来，以另一角度思考问题解决的方案。此活动可于班主任课、通识教育课或公民教育课中应用，而解决难题的技巧也是这些科目所期望训练的共通能力。

材料：解难方程式图。

场地： 

时间：30分钟

2 123红绿灯

体验目的	按红绿灯的灯号，表达学员在解决困难过程中需要留意的事。
运用步骤	1. 先简单介绍红绿灯的灯号代表。 2. 每人派发一张灯号图。 3. 让各组员选择“红”“黄”或“绿”灯号来表达他们的观察。
	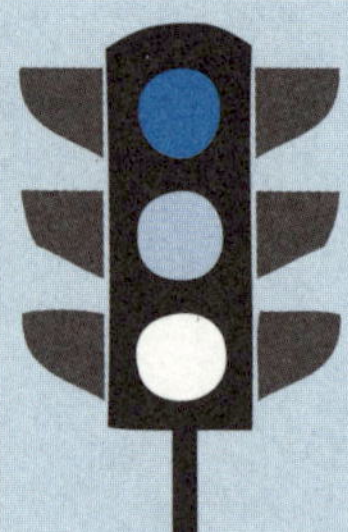 “红”是过程中需要停止发生的行为，如：戏弄、胡闹、不尊重、埋怨等。 “黄”是过程中需要小心处理的事，如：安全、聆听所有的意见、尊重个人的选择及界线制定等。 “绿”是过程中值得欣赏和鼓励的事项，如：按照目标而行、正面气氛和畅顺等。
整理经验	◆ 在处理问题的过程中，哪一盏灯号经常亮起？ ♥ 哪一盏灯号是你/小组表现最大反应？ ♠ 灯号的信息对你/小组有何提醒？ ♣ 这些灯号再亮起时，你/小组将会如何响应？
走进教室	班主任课/周记或心灵札记 情绪智商高的人能在争执或冲突时，善于觉察自己的情绪变化，并在适当时候抽离，或停止自己再冲动下去。这个项目可给予同学反思的空间。老师可考虑自制红绿灯，放在教室的墙报板上，在一些受教时刻中灵活运用。亦可邀请同学在周记或心灵札记中分享对冲突的感受和看法。

材料：红绿灯图表。

场地： 

时间：30分钟

3 冲破重围

体验目的	穿越呼拉圈/绳圈，表达他们在过程中如何解决困难。
运用步骤	1. 全组成员手拉手围圈。 2. 将呼拉圈/绳圈穿在其中一对成员的手之间。 3. 组员逐一穿越呼拉圈/绳圈。穿越时分享自己在解决困难过程中的观察和发现。 4. 成员可控制穿越的速度，直至他/她轮流分享完他们的观察和感觉。
整理经验	♦ 我们是如何穿越这些难题？ ♥ 穿越难题期间，哪些言词最能表达你的心情？ ♠ 你发现在解决难题时，你个人/团队最能发挥的潜能是…… ♣ 面对难题，可以如何面对？
走进教室	成长活动、营会 这项活动适合安排在校内一些较大空间的地方进行，而且最好穿上便服。这项活动需要较多身体接触，举行前最好已进行一轮破冰活动。

材料：呼拉圈/绳圈。

场地： 

时间：30分钟

4 假如可以重来

体验目的	重述故事，让成员分享解决困难时最深刻的场景。
运用步骤	1. 组员先安静，闭上眼，让脑海浮现刚才最深刻的解决困难场景。 2. 若浮现了很多片段，请他们选择其中一个。 3. 选定后，将打板(clapboard)轮流传给组员，手持打板的组员分享最深刻的场景。 4. 分享前说：假如可以重来，我会……。
整理经验	♦ 你会选择哪一个片段重来？ ♥ 这片段，最打动你的是…… ♠ 若你要为这片段命名，你会定名为…… ♣ 要重新再来一次时，你会如何改写这片段？
走进教室	班主任课/通识教育课/课外活动后的经验检讨会 现在的同学只在感官上经验了事情，大多都欠缺反思能力，以致难以从经验中得到新的学习或教训。重来打板只是一个象征物，帮助同学形象化地体会，若真的可以再来一次，整个情况是否会不一样？他们可以怎样改善？整个群体有什么可以做得更好的地方？

材料：打板。

场地： 

时间：30 分钟

5 足迹重访

体验目的	排列脚印，让成员整理他们在过程中是如何解决困难的。
运用步骤	1. 先请全组围圈坐下，把足印胶片放在中央。 2. 请组员回顾，从开始到问题解决所经历过的深刻片段。 3. 请他们取一片脚印，代表那段深刻片段。 4. 然后全组按照各人所选取的片段，依其发生的次序将足印胶片编排成一趟旅程。 5. 邀请各人逐一分享内容。
整理经验	◆ 你怎样形容这段足迹？ ♥ 哪一步的心态最轻松/沉重？ ♠ 每一步，对你有何意义？ ♣ 下一步，你会……
走进教室	一些长时段活动的过程，如境外交流团、深刻的营会、校庆筹划等 此活动的重点在于解说整个活动的“过程”，尤其是一些长时段的活动，如：舞蹈比赛、话剧比赛、领袖生计划等。老师帮助同学们整理过程中所得的经验，以及当中得到的学习。足印胶片可用颜色纸自行制作，此活动最好安排在校内一些较大空间的地方进行。

材料：塑料足印/足印图片。

场地： 

时间：30分钟

6 拼图显真像

体验目的	一起制作拼图，让组员整理在过程中是如何解决困难的。
运用步骤	1. 请全组围圈坐下。 2. 预先把拼图碎片分派给组员，每人一片。 3. 请各组员选出在难题解决过程中最深刻的一个片段/印象，然后描绘在拼图碎片上。 4. 邀请各人逐一分享拼图碎片的图画。 5. 把各人的碎片拼出一幅完整图画。请他们分享这幅拼图与问题解决过程有何关系。
整理经验	♦ 注视这拼图，你印象最深刻的是……？ ♥ 回望这些，心里浮现的是什么……？ ♠ 你发现自己怎样面对难题？ ♣ 若再面对难题，你会如何应用今天所得到的经验？
走进教室	开学一两个月后或学期中段 老师邀请同学回顾过去遇到的难题，以什么方法去面对和解决它。老师也可邀请同学为一个“家庭”或“朋友”解决难题处境：先邀请他们写上或画出该同学的处境，然后每人发一片拼图，一起完成拼图后再分享自己的解决方案。此活动有助增强结连感，并帮助他们互相合作解决问题。

材料：可绘画的拼图、颜色笔。

场地： 

时间：30 分钟

7 难题讲场

体验目的	互相发问，让成员彼此了解在过程中解决困难的情况。
运用步骤	1. 先预备难题小卡。每人获派发两张以上。 2. 两三人一组，在 6 分钟内，轮流抽取对方其中一张小卡，并按卡上的提问发表意见。 3. 5 分钟后停止发表意见。请各人转换组员，重复第 2 项。 4. 三个循环后，可邀请每个小组派一位代表分享他们的意见。
整理经验	◆ 在发问时，哪些题目的答案你知道得最清楚？ ♥ 知道答案时，你感到……（豁然开朗/茅塞顿开/百感交集/不知所措）？ ♠ 这些答案，开启你哪方面的视野？ ♣ 你会如何运用这些新方案？
走进教室	成长课/通识教育课 很多时候，同学面对难题都不知从何入手。这是个很好的引导活动，可帮助同学透过解答问题，从而一起去处理。同学可分为四至六人的小组，就班中发生的问题，或在全方位学习的活动中整理遇上的困难。

材料：难题小卡（参考页 166）。

场地： 

时间：30 分钟

你怎样着手处理这道难题？	你如何筹划本次计划行程？	处理这道难题时，你在哪一位置站岗？
当第一个方法试用无效，你觉得怎样？	你认为哪一部分最困难？	你认为哪一部分最容易？
协助或受助的感觉是怎样的？	请具体说明你怎样协助这次行动。	谁领导你们行动？
我们有特别的策略去应付这些困难吗？策略是怎样的？	如果你们要再次面对这些困难，情况会怎样？	我们用了多少个方法去解决这些困难？
最初面对困难时，有把握去应付吗？	有没有信心解决它？	曾否感到这些困难不可能解决？
领袖是怎样出现并带领大家处理这些难题？	遇到困难时，你有何反应？	此刻，你有什么想分享的？

图 10.1　难题小卡

8 SQ绳

体验目的

互相分享及发问，让组员彼此了解在过程中解决困难的情况。

运用步骤

1. 预先在绳圈上分别打两个绳结，一个S型(八字结)及一个Q型(秤人结)。
2. 简单介绍“S”型结的意思——是述说解决难题时的杰出表现；“Q”型结的意思：是讲述其中的疑问。
3. 全组手执绳，围圈坐下。传送绳结轮流经过组员，手执绳结时，就由他分享有关“S”/“Q”的经验。
4. 开始，让绳结慢慢传递给每一位组员。往后，组员可随意手执着绳结，表达他们的观察或疑问。

整理经验

- ♦ 我们有效处理这个困难时最难忘的片段是……
- ♥ 遇到难题阻碍时，你们有何反应？
- ♠ 发现我们各人杰出/限制之处……
- ♣ 如何保持我们的杰出表现？

走进教室

性教育课/公民教育课/德育课

SQ绳可形象化帮助同学整理思考。“S”有助观察，“Q”有助反思，以这两个角度反复思考，可加深理解问题；其他同学的分享又可提供多角度去理解问题。同学可组成四至六人的小组，大家手拿SQ绳围圈分享。

材料：绳一条长约10米、粗6毫米，至于绳结可参考网上数据。

场地：

时间：30分钟

9 十字路段

体验目的

组员表达心迹,彼此了解在过程中解决困难的情况。

运用步骤

1. 将两条粗绳以十字形状摆放在地上,成一坐标。十字的顶端为喜欢的解决方案;尾端为不喜欢的解决方案。十字的左端为过去解决方案的经验;右端为应用于将来的解决方案。
2. 请各组员按自己的情况选择站立位置。
3. 参加者只有四个选择:
   - 喜欢那次的解决方案,站在过去/喜欢之空间内;
   - 不喜欢或但愿不曾使用过那次的解决方案,站在过去/不喜欢之空间内;
   - 尝试在将来使用那次的解决方案,站在将来/喜欢之空间内;
   - 以后不打算使用那次的解决方案,站在将来/不喜欢之空间内。
4. 站定后,组员轮流分享对所选位置的看法和原因。

整理经验

♦ 你选择站立在喜欢、不喜欢又或中立位置的原因
♥ 听完各人的分享,使你感觉到……?
♠ 集合各人的意见后,你发现这个方案仍有需要修订之处吗?
♣ 下一步,我们的行动是……

走进教室

学年终/大型集体活动后的总结整理时间
此活动的四格可画在工作纸上讨论及解说,适合在大型集体活动后进行。老师可请同学分小组或抽签分享。他们可表达过去/未来遇上困难时,自己的经验/考虑。

材料:粗绳两条设成坐标(参考图 10.2)。

场地:

时间:30 分钟

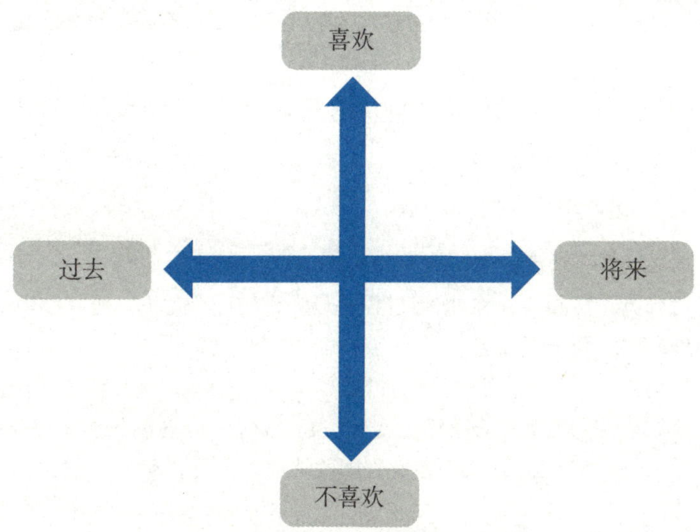

图 10.2　十字路段坐标图

10 立体地图

体验目的	重温过程的片段，让成员分享如何面对困难，掌握及分辨出自己和群体解决困难的模式。
运用步骤	1. 每人获派发纸碟一只及颜色笔一支。 2. 让成员先安静 2 分钟，回想过程中最深刻的一个片段。将片段用简单的字句或图案绘画于纸碟上。 3. 邀请各人逐一分享纸碟上的片段。 4. 最后请他们把所有的纸碟拼凑在一起，按过程内容的先后次序排列，拼出他们解决困难的过程，发现彼此之间的结连。
整理经验	◆ 解决困难的过程，每一步是如何出现的？转折点会在哪里出现？ ♥ 当意见不同时，大家怎样响应？ ♠ 这次解决困难的历程，对我们有何新的启迪？ ♣ 能解决这个困难，最值得我们庆祝的是……
走进教室	班主任课/一些长时段的活动过程，如校际比赛、历奇营会、大型活动筹划等 经过一些深刻活动后，与同学一起回顾当时的历程，帮助同学澄清及理解面对的问题，沉淀学习。

材料：纸碟及颜色笔。

场地： 

时间：30 分钟

经验回顾——自省行动

“难题解决”给你什么独特的信息呢？

1. 在你人生的旅途中，曾经遇到最大的困难是什么？

____

____

____

2. 当时你的心路历程是怎样的？

____

____

____

3. 当日的困境，对今天的你有何祝福？

____

____

____

4. 如果再遇到难题时，你会有何反应？

____

____

____

第 11 章 目标达成

怎样才算有成功？苹果公司前首席执行官乔布斯？香港首富李嘉诚？中国第一位航天员杨利伟？银行存款有一亿？位高权重？不同的人有不同的答案，你对成功的定义又是什么？在带领活动时，又如何引导参加者制定他们的成功标准？

在我的成长中，也经历很多庆祝成功的时候，包括领取出生证明（顺利出生）、领取毕业证书（学业有成）、收到委任聘书（能力被肯定）、签署书籍出版合约（专业成果）、工作长期服务奖（效力回报）、获颁发优秀奖状（贡献回馈）等。每次正面的经验，可累积我们的效能感（personal competence），增加对自我的肯定，推动我们迎向下一个目标，是成长极大的动力来源。可以说，成功的经验是一个循环系统，好像一个愈滚愈大的雪球，一次的成功经验将成为下一个成功的基石。对一些自我形象或效能感较低的人，成功的经验将有助他们洗心革面、脱胎换骨，成为不屈不挠的人。

有些时候，成果或许与目标仍有距离，我们却可因此调整方向。因此，工作者与组员在活动进行前、过程中及完结后，一起计算所达成的目标就十分重要。

带领活动时，我们把成功的定义化为目标达成（sense of achievement），拆开为不同的、参加者可达成的小目标，是个人能力所及的、是他们期望的目标，让他们能享受从成功而来的快乐。目标达成没有公认的标准，重要是参加者的期望，透过主办单位的方向及工作者的价值信念而一起制定的。因此，目标的制定是结合了参加者的意愿而建构出来。

主题概览

目标达成的意思是经个人/群体的努力，完成所关注的、预定的标准，是拟订要达到的工作或计划标准，及期望达成的最终目的。

目标达成的意义包括：

- 发现参与过程的意义；
- 突破自己，迈向成长；
- 评估自己的能力，调校现实和目标的距离；
- 促进同伴之间的合作；
- 明白自己的需要和期望。

制定目标原则

1. **宜具体**——它可以帮助个人及小组检视参与程度，有助增强士气及投入感。

2. **可量度**——可量度的指标包括：时间、数量、人次、速度、路程、成效等，增加参加者量度效能感。

3. **可达成**——目标达成要有合理的要求，太高容易造成挫败，太保守又欠缺挑战性。

4. **有时限**——达到目标需要有合适的时限，时限过短容易令人放弃，无限拖延则缺乏挑战性。

5. **可监察**——目标达成是有进程的，可随时按参加者的能力或步伐给予监察及修订进展。

目标达成类别

1. **自我认识**——认识自己的长处和限制、正确界定自我身份等等。

2. **发挥潜能**——个人的长处善加发展，有限之处加以突破。

3. **目标达成**——寻找核心需要和价值等等。

4. **建立信任**——减少人对自己及他人的揣测或怀疑。

5. **促进沟通**——聆听他人的看法和感受、表达自己等等。

6. **团队建立**——分工合作、分担责任等等。

7. **面对挑战**——增强警觉性，提升对处境的危机意识。

8. **问题解决**——增进面对逆境的能力和技巧、持守坚忍的态度等等。

9. **成功经验**——肯定过往的努力、累积成功经验。

10. **承担责任**——接受新的事物和情境的转变，清楚自己每一个决定。

11. **培育领袖**——发掘和塑造领袖素质与潜能、关注社群等等。

12. **欢乐有趣**——释放压力、投入活动和愿意分享等等。

13. **舒缓情绪**——辨识情绪、管理情绪等等。

以上每点各有仔细的步骤，需要逐步解构，建议大家参阅有关的资料或书籍，以便精准掌握个人/群体成长的要素，以及不同的发展层面。期盼各位工作者能按参加者的步伐制定目标，并协助他们达成。

整理经验应从活动一刻开始，建议参加者在活动进行前开始制定目标，在过程中段整理，完结时再整体回顾。工作者在每一阶段都适当地介入，促使参加者投入其中，反省自己的情况，并鼓励他们在生活中应用。

至于一些长期性的项目，更需要参加者定时检讨目标达成，期间可调节进度，亦可听取其他参加者的意见，让他们在愉快和支持的气氛下完成任务。

扪心自问——成功标准是什么?

一、赞得多，会骄傲?

“哪里哪里……何足挂齿呢!”

我们悠久的历史文化中,谦虚是美德。在这样文化的熏陶之下,赞赏的话并不容易表达或接受,人渐渐对自己或他人也吝于赞赏。在我的培训经验中,工作者对自己或他人通常较少表达赞赏,往往很容易看到挑剔之处,于是即给予建议或指导;提出应该改善之处,却甚少与人分享自己的优点和专长。

作为带领活动的工作者,应先行破解这个“美丽的误会”,在达成目标时即赞赏自己。我记得读书时,功课压力沉重,但每次完成一份功课便走到精品店买一张美丽的贴纸,赞赏和肯定自己的努力! 别忘记,赞赏是我们给予自己/他人肯定和重视的表示。

二、有那么多值得赞赏的吗?

“这个都算呀?”

如何恰如其分地赞赏? 工作者可引导参加者把此时此刻的情境描述出来,如:“你记得在那个情境中做了什么,令任务可以有效地完成? 你可以帮助其他成员记起你们当时的感觉或想法吗?”

赞赏是要具体的,如:“你是一位尽责的帮手!难得你在其他人急着回家休息的时候,仍不计较自己疲倦,留下来收拾!”**具体指出赞赏的行为,可帮助受众辨别真正的赞赏,以使他/她可以延续正面的行为**。

给予赞赏或肯定时,我们不妨与对方互相检查,如:“你不同意我的看法/观察吗?”“你对于自己的改变,有没有补充?其他人有没有响应?”

三、未达标,何必赞赏?

“恐怕我现时的状态……算了吧!”

到底什么才算是目标达成?目标是否符合参加者的能力?目标达成是否有一定的指标?作为工作者,我们如何制定或接受参加者已达成目标呢?是否任务完成,才算是目标达成?尽了最大能力去尝试,可看作是目标达成吗?

最尴尬的是,工作者本身以目标取向为主,过程中便容易忽视参加者良好的行为,甚至没有留意不同的参加者有不同的能力,以致参加者未能获得最大的肯定。

最重要的平衡,取决于工作者的价值观。我们如何看成败得失?看的是结果,还是过程所产生的效果呢?对人的行为有何看法?在调节、平衡时,我们可先与受众一起制定属于他们自己的目标并确保合适。

四、目标达成即是要竞赛?

“我不跟你比,你自己玩吧!”

这类响应显出很多不满!我们处理目标达成时要格外留心,避免受众之间出现个别的竞争,妨碍彼此的信任程度。事实上,**目标达成并不是制造人与人之间的竞赛,所达成的目标需要从个人的改变或小组整体的改变出发**。开始时,工作者要郑重调校参加者的态度,目标是找到发现经验之中可以学到的或改善的地方。

给予赞赏时,我们要平均响应每位参加者或整个小组,就算有独特的例子可作为学习的材料,都要将之转变为每一位成员学习的机会。

受教时刻——订立未来成长的方向

以下介绍的十个解说项目,是协助参加者在解说过程中肯定自己,累积成功经验。**建议应用前,先界定何谓成功,或目标达成的标准——成功在于过程中有所付出,以及自己能达到所期望的目标**。工作者解说时的提问重点就可放在:

重点发问

- 事实：你有什么目标达成了？是如何达成的？

- 感受：当目标达成时，最触动你的是什么？

- 发现：你有什么窍门让本次活动可以达成目标？

- 将来：有什么是你想继续发扬光大的？

由于目标达成的活动涉及一些较内心的表达，老师在应用以下的解说项目前，最好先与同学订下“黄金守则”——建立聆听、尊重、信任和守密的氛围，避免有些同学感到不安全而不愿表达，或过度坦诚分享后再后悔，故制定守则十分重要，否则不宜全班同学一起进行。

1　收获指数

体验目的	了解参加者及其他组员对目标达成的满意程度，协助调校。
运用步骤	1. 请参加者安静 2 分钟，想想他对自己的满意或不满意的程度。 2. 以手指的数目，表示满意或不满意的分数。满意的展示十只手指，一般的展示五只，不满意的不展示。 3. 数三声后，各组员转身，一齐展示自己的选择。 4. 请较满意的组员先分享，如有相同或相似的，请他们逐一补充及分享各自的独特处。
整理经验	◆ 你给予的指数，与你参加前所期望目标相近/有距离吗？ ♥ 这些指数最触动你的是…… ♠ 你是怎样达到这些指数的？ ♣ 要增加指数，还需要添加什么？
变化	展示自己的选择后，请相同分数的组员两人一组或最多三人一组，彼此分享。然后返回大组，每组请一位代表总结他们相同和独特之处。
走进教室	大型活动和比赛后 学校有很多机会让学生对自己的成绩或作品表达满意程度。派发试卷后，或完成一次班际活动后(例如歌唱比赛、班际篮球比赛)，请全班以手势表达感受。可邀请同学统计，也可邀请同学分享。老师也可以通过这个解说项目来查看同学是否喜欢这个课程/活动，明白他们的状况。这个方法很简单，不需任何道具，适合小学或初中的同学。

材料：无

场地： 

时间：15 分钟

2 七彩木条

体验目的	选择不同颜色的木条，表达过程中的收获，让组员了解自己及其他成员达成目标的程度，从而协助调校。
运用步骤	1. 请参加者安静 2 分钟，想想自己在过程中的收获。 2. 请大家随意选择不同颜色的木条，计算出在过程中的收获。 3. 选择后可清点木条，代表收获多少，并以文字或图画简单记录在木条上。 4. 请各人轮流分享自己的收获。
整理经验	◆ 你收获了多少木条？那些收获是什么？不同的颜色代表了哪些收获？ ♥ 注视着这些收获，个中的滋味是……？ ♠ 这些收获足够吗？与你有什么关系？ ♣ 你会怎样与其他人分享你的成果？分享哪些内容？
变化	展示自己的选择后，请参加者与相同木条数量的组员一组（最多三人一组），彼此分享。然后返回大组中，每组请一位代表总结他们相同和独特之处。
走进教室	大型活动和比赛后 与上一个项目相同。在学校一些大型活动和比赛后，也可以请各位同学两人一组互相分享成果，但两人之间要有基本的信任和尊重，否则会有反效果，或不会将真正感受表达出来。也可考虑先写在纸上，然后再自行找一位伙伴分享。

材料：木条、笔。

场地： 

时间：15 分钟

3 水果大拼盆

体验目的	以不同的水果来形容及整理自己在过程中的收获。
运用步骤	1. 预备不同的水果图片或实物。 2. 请参加者安静 2 分钟，想想自己今天的成果。 3. 请他们选择最贴切形容今天成果的五种水果。 4. 请他们轮流分享当中的含意。 5. 之后，一起举“果”庆祝享用。
整理经验	◆ 你选择的五种水果是……，代表你的收获是……？ ♥ 五种水果之中，最能代表我心中的味道是……？ ♠ 你如何排列它们的先后次序？ ♣ 要与他人分享时，你会选择哪个水果？为什么？
走进教室	成长课/班主任课 这项活动适合小学生或初中生，尤其在成长课或班主任课中使用，来表达自己的成就或性格特质。老师还可加插一些问题： 1. 你是一个怎样的生果？新鲜？有部分腐烂？有一个小孔？（以此观察学生对自己的成就、处境、自我形象的看法） 2. 你会给这个生果多少价值？它值多少钱？（以此观察学生对自己价值的肯定程度）

材料：不同类型的水果或图片（见页 184）。

场地： 

时间：20 分钟

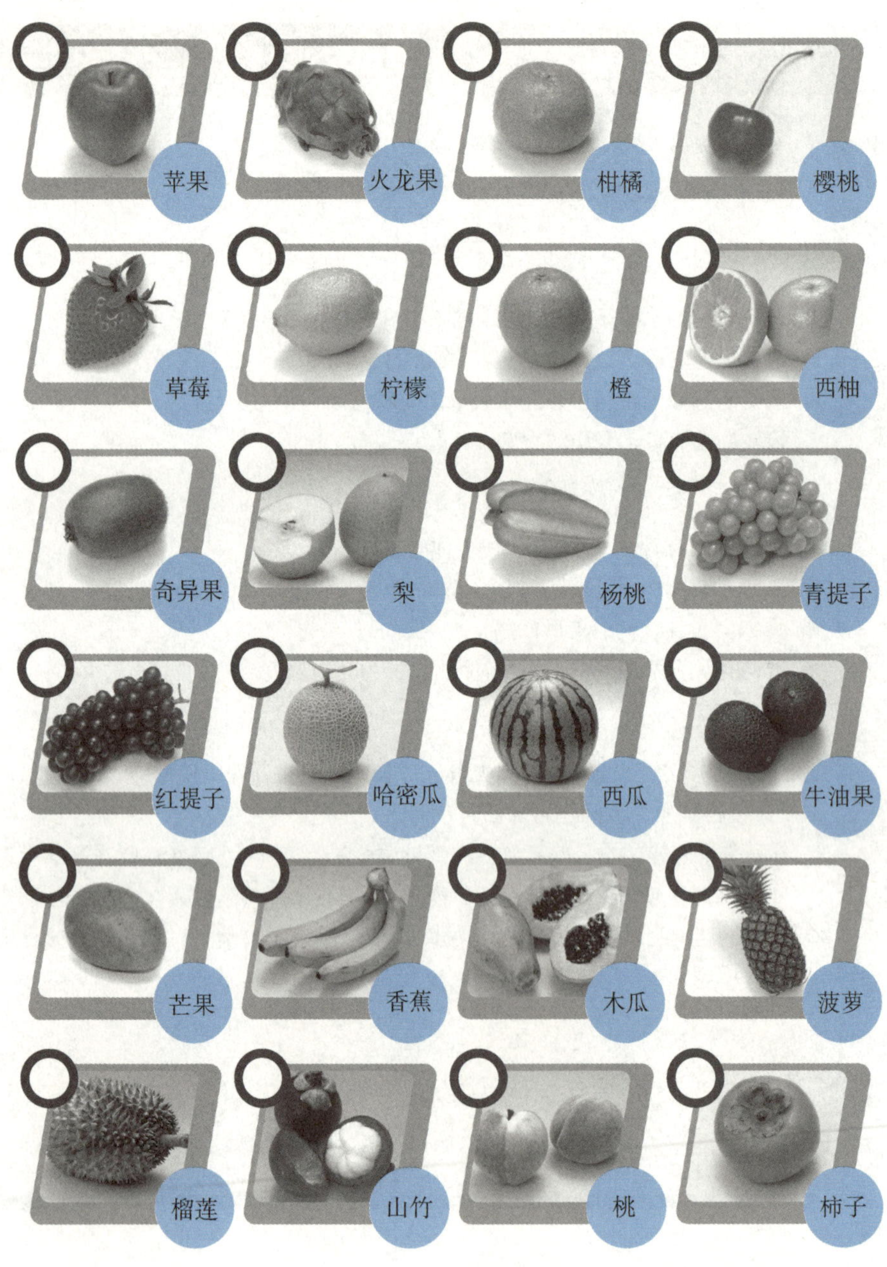
苹果
火龙果
柑橘
樱桃
草莓
柠檬
橙
西柚
奇异果
梨
杨桃
青提子
红提子
哈密瓜
西瓜
牛油果
芒果
香蕉
木瓜
菠萝
榴莲
山竹
桃
柿子

图 11.1 水果图

4 十大杰出事件选举

体验目的	预先让参加者选出十件杰出事件，鼓励他们发掘个人/小组在过程中值得欣赏和表扬的事、行为或表现。
运用步骤	1. 分派小卡、纸笔。请组员在纸上列出十件杰出事件。 2. 然后把事件排序。 3. 轮流邀请组员分享十件杰出事件。 4. 最后，选出组内最多票数的事件，让组员一起总结有关经验。
整理经验	◆ 列出的十件杰出事件是…… ♥ 你最感自豪的是…… ♠ 当公选结果出现时，你对结果有何看法？ ♣ 如何将你的优秀延展于你的人生旅程中？
走进教室	学期终活动/周会 在每年学期终，利用这项解说活动总结同学在校内的不同事件，找寻一些值得欣赏和表扬的事件。例如：某同学住院，全班做了份小礼物给他；某同学常默默收拾教室、擦黑板；某同学为全班做了精美的座位表等等。若推广到全年级或全校进行，可另于周会内提倡欣赏信息。

材料：小卡、纸笔。

场地： 

时间：30 分钟

5 我的超级绳子(My Super Rope)

体验目的	以绳结作为学员达成目标的记号，成为数点结果的印记。
运用步骤	1. 每位参加者获派发一条细绳。 2. 请他们在5分钟内打绳结。每个绳结代表他们达成了一个目标。 3. 若达成的是一个大目标，可打个大结。 4. 请他们轮流分享。
整理经验	◆ 这些绳结在你的生命中，多了一些什么的记号？ ♥ 望着手上的绳结，你心底最想讲的一句说话是什么？ ♠ 每打一个绳结时，你发现自己有什么增加了？ ♣ 你手上的绳结为你未来的人生带来怎样的鼓励？
变化	如时间充足，可先教导一些基本绳结制作，以展示不同的意义。
走进教室	班主任课/生活技巧课/学期终活动/学生个人档案 可把超级绳子制作成为班级挂饰之一；也可将我的超级绳子黏在纸上，成为每个学生的个人档案（portfolio）。

材料：彩色绳。

场地：

时间：30分钟

6 踏步青云路

体验目的	透过踏步青云路，让参加者整理自己的进展。
运用步骤	1. 场地布置：两条间线，一条作为起点，另一条作为青云路（终点）（参考页188）。 2. 让组员按自己的成功进度，散布于两条界线之间。 3. 站定后，由最接近青云路的组员先分享，并向他们致贺。 4. 分享内容：在活动前及现在的转变；今天的成功对他/她有何意义；还有什么要超越？ 5. 尽可能邀请每一位组员，逐一分享他们的境况，以建立互相肯定和支持的气氛。
整理经验	◆ 你站立的位置，代表了已达成…… ♥ 站在这里，心底浮现喜、怒、哀、乐中哪些脸谱？ ♠ 能站在这里，看见自己的进展是…… ♣ 再上一层楼，我必须……？
走进教室	年中活动/周记/心灵札记 与我的超级绳子概念相约，假如碍于人手及场地较难实行，可将概念转为工作纸，或作为周记/心灵札记的一页。此活动可作为学期中及年终的总结，检视自己在学习或不同生活层面的目标是否达成。

材料：粗绳两条，长约5米、粗约6厘米，或两条颜色鲜艳的牛皮胶带。

场地： 

时间：30分钟

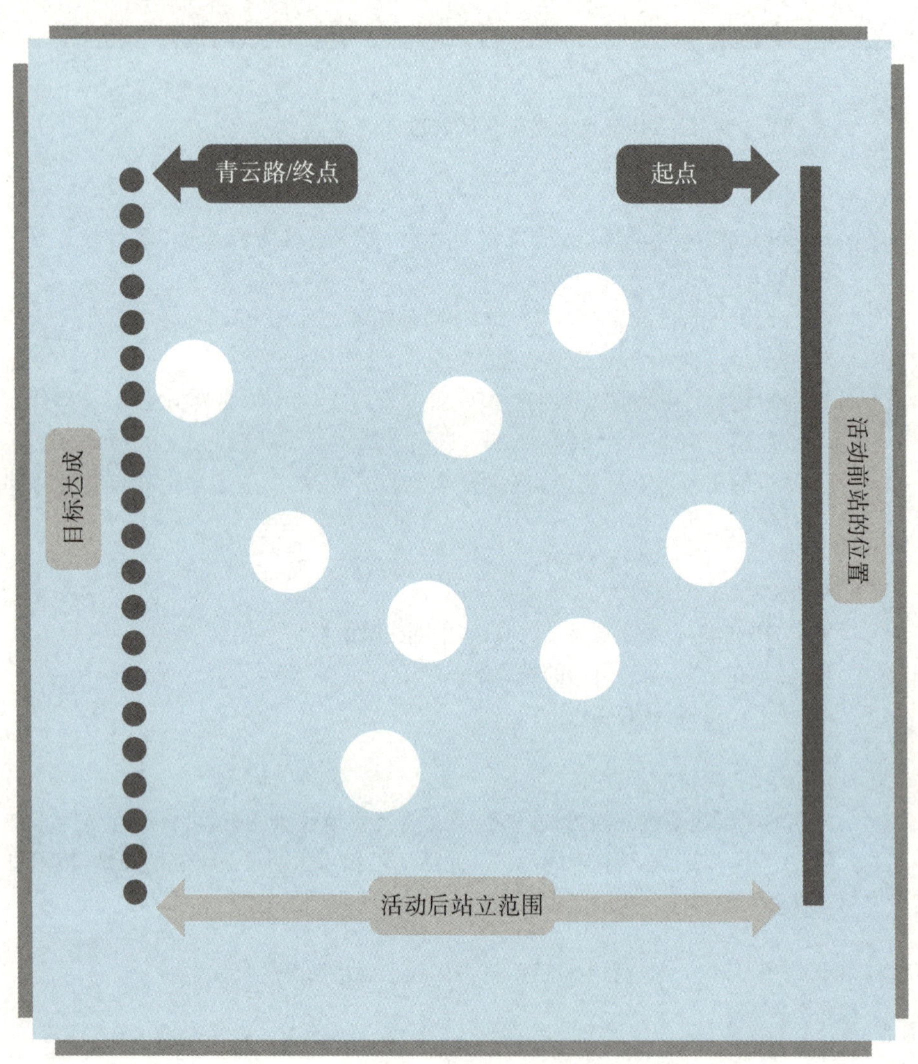

图 11.2 踏步青云路场内布置

7 三格菲林

体验目的	以三格菲林，记录过程中最深刻的成功片段，帮助延续学习。
运用步骤	1. 预先准备颜色笔。分派三格菲林纸。 2. 让组员先安静2分钟，回想在过程中最深刻的成功经验。 3. 将最深刻的成功经验绘画于三格菲林纸上。 4. 完成后将作品展示，大家互相参观。 5. 再轮流分享作品的表征及意思。
整理经验	◆ 分享三张菲林的内容…… ♥ 三张菲林中，哪张是你最深感受？那感受是…… ♠ 哪一张对你最重要？你如何评价自己这三张菲林？ ♣ 还有其他镜头想加进去吗？
走进教室	饥馑午餐/辩论比赛/纸飞机大赛 此活动可让参加者捕捉学校曾筹办的一些活动，如饥馑午餐、辩论比赛、纸飞机大赛，以图画或图案形式表达同学感到成功的经验。可考虑把表达较完整和丰富的菲林展出，成为班级主题的一部分。

材料：三格菲林纸(参考页190)、颜色笔。

场地：

时间：30分钟

图 11.3　三格菲林纸

8 我的金像奖

体验目的	金像奖是肯定电影界成就的奖项。制作金像奖可帮助学员整理自己成功经验的过程，以助日后延续学习。
运用步骤	1. 预先准备不同颜色的泥胶及颜色笔。 2. 让组员先安静 2 分钟，回想自己在活动过程中的成功之处。 3. 用泥胶制作一件雕塑，以纪念他们值得奖励之处。 4. 完成后，将作品陈列于显眼处，让众人互相参观。 5. 再由各人轮流分享其作品的表征及意思。
整理经验	◆ 这个奖项代表了什么成就？ ♥ 获取奖项后，最感骄傲的是…… ♠ 获取奖项后，你发现自己多了哪些素质？ ♣ 下一个目标奖项是什么？
走进教室	美术课 配合学校美术课制作此金像奖，让学生以雕塑形式总结对一整年的感受。注意这项目的重点在于鼓励学生在校园生活小事件中寻求成就感，雕塑技巧不是最重要的。老师亦可鼓励同学以文字说明金像奖背后的意义。

材料：各种颜色的泥胶、平滑的卡纸/旧海报纸、颜色笔（粉彩、水笔）、长桌（摆放制成品）。

场地： 

时间：45 分钟

9 辉煌宣传角

体验目的	透过宣传角，张贴个人/小组在过程中的成功经验，延续学习。
运用步骤	1. 在场地预先摆放白板/墙报板/海报纸。 2. 让组员自行寻找属于自己的空间/角落，或由工作者分配，条件是可专心制作的地方。 3. 让组员有足够的安静时间，将自己发现的成功之处，记在自己的空间上。 4. 可随意使用文字、图案、符号等做记录。 5. 完成后，让各人互相参观，分享作品。 6. 再由各人轮流分享其辉煌成果的内容。
整理经验	♦ 你的宣传角所显示的图案/图片代表什么？ ♥ 当你展示你的宣传角时，有何感觉？ ♠ 在你发现的成功之处中，有什么能支持你将来做得更好？ ♣ 明天，你希望宣传角内多一些什么？
变化	• 若活动期间是连续几天或长期的，可在每次聚会结束后，请各人整理该次聚会的经验，把进程和改变记录在自己的宣传角内。 • 整理小组进度时亦可应用。由全组成员共同参与、贡献和制作，让组员了解小组的发展进程，可澄清误会、制定未来计划等。 • 可预先在场地挂上一条晾晒绳，旁边预备小卡和一盒衣夹，让各人将告示夹在晾晒绳上。 • 可拾起郊野的枯木，扎起为十字架或支撑架，旁边预备细绳或黏贴胶，以便挂上告示。

（续）

走进教室	学校壁布板 学生可在校园中，参与环境的创造，有助学校建立抗逆力文化。辉煌宣传角可放在学校当眼的壁布板上，肯定学生在非学术上的成就。

材料：大海报纸、颜色笔、图片、胶水、黏贴胶。

场地： 

时间：30 分钟

10 旗帜飘扬

体验目的	小组的旗帜是标志群体的特色。组员一起制作旗帜，可总结过程中的成功经验，并延续学习。
运用步骤	1. 让组员有足够的安静时间，讨论该受表扬的事件及性质。 2. 利用材料制造一支个人/小组获颁发的旗帜。 3. 完成后，互相参观，分享作品。 4. 再由各人轮流分享其辉煌成果的内容。 5. 最后各人绕场一周，接受在场人员的恭贺及分享喜悦。
整理经验	♦ 旗帜上，哪个图案是你觉得最重要的？原因是…… ♥ 能成为团队的一员，你领会的感受是…… ♠ 你们具备什么条件，以致能够挥舞这支有辉煌成果内容的旗帜？ ♣ 如果再有机会，你们希望这支旗帜可加上什么图案？
变化	可制作为皇冠、令牌、王座、奖牌、奖座等等。
走进教室	运动会/社团活动 在学校运动会或社团活动中，鼓励同学制作班旗、社旗，藉此表现该群体的正面特色。此项目能增强归属感。

物资：大白布/大白纸、小竹枝、剪刀、胶水、胶纸、颜色笔等。

场地： 

时间：45 分钟

经验回顾——自省行动

“目标达成”对你有些什么独特的意义呢？

1. 在你生命中，哪个目标达成了，令你现在仍然回味无穷？

2. 今天，你有何目标仍然在努力中？

3. 你每次达成目标后会如何庆祝？

4. 你的下一个目标是……

第 12 章　解说个案

很多解说工作者发现，解说不单在活动后单次进行。有些时候在活动的前、中、后也有机会解说，而且也可以应用在个人面谈方面，帮助青少年明白已经发生的事情及了解自己的状态。这一章特意举了两个例子，其一是一个贯串的活动及活动解说。另一个个案是与学员一同整理他在工作上遇到困难的情况。希望这些活动起到举一反三的作用，引发大家更多的思考，也懂得具体如何运作，带领学员有更多有素质的学习。

过程中解说

活动解说个案

学生：24位中二学生（分四个小组，每组两位组长带领活动及解说）

活动：蛋哥历险记

目标：

1. 学生与蛋哥一起参与活动，与蛋哥建立联系感，从而与自己建立自我连结；

2. 提升学生的团队合作、问题解决及沟通能力，发挥创意。

小组每个人将自己的名字写在鸡蛋上。

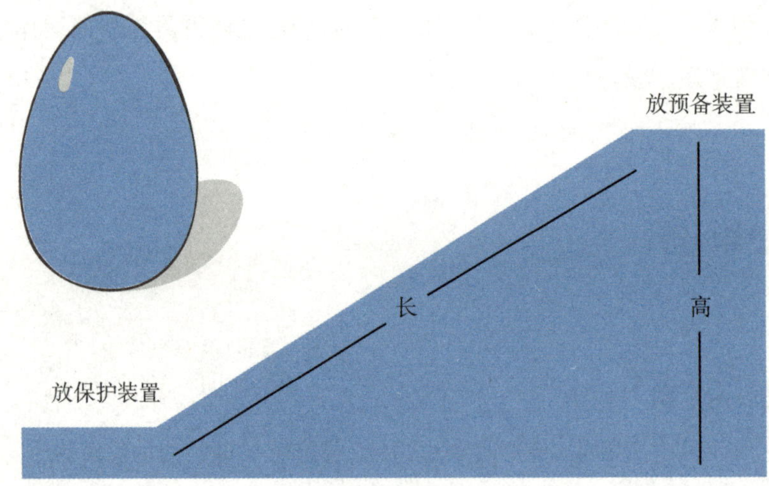

图 12.1　蛋哥历险记

	活动流程	不同部分重点
1	进入状态(5分钟) 温度计：每个人以温度计的温度表达自己的状态，并以手摆出不同的高度。	• 了解他们的状况 • 适当地调整活动的难度及挑战
2	简介(Briefing)(10分钟) 1. 问题解决四步曲：问、想、选、做； 2. 每组一个鸡蛋，学生将自己的“蛋哥”名字写在鸡蛋上； 3. 任务：小组用大会提供的物资：报纸、胶纸做一道滑梯，高度20 cm，蛋哥可以安全从滑梯上滑下来； 4. 给学生5分钟时间讨论，需强调讨论时间内不能制作滑梯，用问、想、选、做四步曲进行讨论。	运用“问、想、选、做——蛋哥历险记”工作纸(参考页198) 简介要点： • 提供活动数据 • 提示整体安全 • 设定活动目标 • 与学员建契约 • 催化学员参与
3	带领(Leading)(30分钟) • 25分钟完成，可以按情况有5分钟“感恩时间”； • 最后，展示并拍照。	带领要点： • 开放与组员沟通 • 活动中不断评估 • 为学员提供选择 • 适当地调整挑战 • 需要时处理冲突 展示作品，也是解说的一部分，可促进他们回顾整个历程。
4	解说(Debriefing)(20分钟) 小组分享 1. 刚才的过程，最让你印象深刻的是什么？(Facts)此刻你的感受是什么？满足、开心、内疚、成功感……(Feelings) 2. 滑梯的点子是如何产生的？成功的重要因素是什么？要克服什么困难？当中需要什么技能？(Facts) 3. 你最大的收获是什么？你最欣赏自己的是什么？你觉得需要改进的是哪方面？你最欣赏团队的是什么？(Findings) 4. 刚才“蛋哥”历险的过程使你联想到现实生活中的什么经历？有什么启发？(Future)	解说要点： • 善用不同观察 • 回顾整个历程 • 开放发现问题 • 善用追问转化 • 不强加自己意见 • 注意活动进程 • 把握生活应用 解说注意事项： 1. 鸡蛋上有名字，但不用太强调生命，如果鸡蛋碎了可以表达生死的意义：从生命中会有挫折与挑战方向去解说； 2. “蛋哥”虽然经历了很多困难，但是在经历当中更加认识自己。

小組：________________

<table>
<tr><td>问</td><td colspan="4">如何保护鸡蛋安全滑落？</td></tr>
<tr><td>问
+
想</td><td>预备装置：
如何让鸡蛋固定在预备装置中？
怎样支撑预备装置？
其他：</td><td>滑道：
怎样保护鸡蛋不会滑出滑道？
滑道需要多宽、多长，需要用多少材料？
如何与预备装置和保护装置连接？
其他：</td><td>支架：
需要多少个支架？
固定在什么位置？
如何与滑道连接？
如何与预备装置连接？
如何固定在地面？</td><td>保护装置：
如何能够接住鸡蛋并且保护鸡蛋不碎？
如何保护鸡蛋不会滑出装置？
其他：</td></tr>
<tr><td>选</td><td colspan="4">设计图</td></tr>
</table>

<table>
<tr><td rowspan="5">做</td><td></td><td>物资分配</td><td>分工</td></tr>
<tr><td>预备装置</td><td></td><td></td></tr>
<tr><td>滑道</td><td></td><td></td></tr>
<tr><td>支架</td><td></td><td></td></tr>
<tr><td>保护装置</td><td></td><td></td></tr>
</table>

图 12.2　问想选做——蛋哥历险记

个人及群体解说个案

除了活动后需要解说外，有的时候，遇到突发的事情，也随时可以是“受教时刻”，转化成学习的宝贵机会。笔者过往的工作中，与不同的青少年有过不同的解说片段，以下片段，相信很多任务工作者也常常遇上。有些时候，我们真的不知道这些青年人在想什么，但是慢慢听来，才发现原来他们有一套自己的思考模式，通过有空间的解说时间，很多重要的、有价值的交流由此发生了。

个案分享

我以前担任“师徒创路学堂”导师，记得一位课程学员亚昕，外表像一般青少年，常摆出一副爱理不理的样子；但当委以重任，而任务有足够的挑战性和符合他兴趣时，他就会很用心地去计划。

他在一大型屋苑负责园艺及屋宇管理工作，他的师傅交给他一项任务是做一本“册子”放在屋苑的休憩亭中，作为布置，也供人观赏，时限是两星期。他思前想后，很想做好这个“册子”，四处搜集资料，但自己其实没有经验，也不知怎样符合师傅的期望。他在不敢、也不知怎么去问师傅的情况下，拖延了两个月才交出作品，惹来师傅强烈不满。

平日生活中有不少极佳的素材，可作为在教学上的“受教时刻”，帮助自己或学生吸取过程中的一些宝贵的教训，以及对人生的一些顿悟。以上案例亦是极佳的“受教时刻”，帮助学员理解这个失败经验，导师在此过程中用了很多时间与他作解说，和他反思逃避面对师傅的过程和感受，也引导他按部就班将计划完成（详细参看页 203)。作为学员的责任是在时限前，完成合乎水平的册子，过程中遇有困难应主动提问，但他却因种种原因，没有向师傅询问及尝试处理问题，以致未能准时完成任务。

记得学堂的结业礼前，各同学均安排负责不同的工作任务。亚昕是班会主席，负责协调同学的进度，他尴尬地带着负责结业刊物的同学见导师，说出若按照之前的构思和方法，预定日期前不能完成。我们很欣慰他学习了宝贵的一课，懂得提出困难，也与我们商讨解决的办法。“经一事，长一智”，看见他从失败经验中汲取教训，愿意做个更有责任感的人，也是令我们感到欣喜的。

以下是一些“4F”解说小秘方，用问题帮助学生深化所面对的经验，导师在过程中尽量多聆听，多正面鼓励及表达支持。

	个人事件解说	群体事件解说
	处境：亚昕拖延交“手册”事件。	处境：一班中学生在办年宵摊位过程中，因种种原因以致部分货品遗失，最后整体亏了很多钱，但大家也深深觉得上了宝贵的一课。
事实 Fact	• 期望你哪个日期交？ • 最后你哪个日期交？ • 过程中你做过什么？ • 你做了什么事补救？ • 师傅有什么反应？ • 你见到师傅有什么反应？	• 过程中发生了什么事？ • 事情怎样发生的？ • 货品遗失时大家在做什么？ • 有哪些人参与其中？ • 大家做了什么事补救？ • 有哪些人说了哪些话令你印象深刻？ • 过程中大家有什么观察？
感受 Feeling	• 你在事情的“前”、“中”、“后”期的感受有何不同？ • 哪段时间最不开心？ • 最不开心的程度是怎样？	• 现在各人感受如何？ • 负责看守物品的同学感受如何？ • 其他人对遗失物品一事有何感受？ • 哪段时间最不开心？ • 有没有人的感受被忽略？
发现 Finding	• 你学习和体会到了什么？ • 从自己的处事方式中，你发现自己属于哪一类人？你喜欢自己是这种人吗？ • 你对自己性格方面有何发现？ • 这件事令你对自己的能力有何评价？	• 你在当中有什么学习和体会？ • 从不同人的合作和处事模式中，你发现自己属于哪一类人？ • 谁人令你最欣赏？ • 谁人令你最厌烦？为何？ • 你对自己性格方面有何发现？ • 这件事令你对自己的能力有何评价？
将来 Future	• 若再来一次，你的处理方法有何不同？这件事令你面对工作挑战有何影响？经过这次的事后，你在哪方面要改善自己？ • 这件事对你在面对学业或家庭方面有何影响呢？	• 若再来一次，你的处理方法有何不同？这件事令你待人处事方面有何影响？经过今次的事后，你在哪方面要改善自己？ • 这件事对你在面对学业或家庭方面有何影响呢？

图 12.3 “4F”解话小秘方

在挫败经验中，若青少年工作者能帮助他们转化经验，他们将更能在失败中重新振作，做个更负责任的人。要发展及培养青少年的责任感，是细水长流的工作，用人生影响人生，就让我们先做起！

原载：香港廉政公署《拓思》第44期：责任与承担（2005年1月）。

参考书目

- 科麦克著、陆秀云译(1991),《团队精神》。香港：福音证主协会。
- 林孟平(1993),《小组辅导与心理治疗》(第五版)。香港：商务印书馆。
- 张老师(1999),《心中的自画像——如何认识自我》。台北：扬智文化事业。
- 郑佩芬编著(2000),《人际关系与沟通技巧》。台北：扬智文化事业。
- 史考特派瑞斯、琳达爱尔丝着、林心茹译(2000),《培养反思力》。台北：远流出版事业股份有限公司。
- 蔡炳纲、吴汉明(2001),《72个体验活动——理论与实践》。香港：汇智出版有限公司。
- 唐纳德·C·帕尔默着、何敏璇、石彩燕译(2001),《创意处理冲突》。香港：基道出版社。
- 詹姆士·杭特著、张沛文译(2001),《仆人——修道院的领导启示录》。台北：商周出版。
- 李永年(2002),《香港青少年问题——廿一世纪初的现象、剖析与对策》。香港：香港大学出版社。
- 梁永泰(2003),《新领袖 DNA》(第二版)。香港：突破出版社。
- 蔡元云等(2004),《炮制少年不倒翁——家校抗逆手册》(第二版)。香港：突破出版社。
- 布雷恩·麦考米克、戴维·戴文波著、葛窈君译(2004),《牧羊人领导——圣经诗篇中的领导智慧》。台北：启示出版。
- 校园团契飞扬教师组(2004),《飞扬人际有蓝天——探索教育的魅力》。新北：校园书房出版社。
- 梁永泰、郑晓峰、叶陈慕灵(2005),《沟通无疆界》。香港：突破出版社。
- 李德诚、麦淑华(2005),《整全的历奇辅导》(第二版)。香港：突破出版社。
- 区祥江(2008),《生命轨迹——13个助人自助的成长关键》(增订版)。香港：突破出版社。
- Beard, Colin, & Wilson, John P. (2002). *The Power of Experiential Learning: A handbook for trainers and educators*. U. K.: Kogan Page Ltd.
- Cain, J., Cummings, M., & Stanchield, J. (2005). *A Teachable Moment: A facilitator's guide to activities for processing, debriefing, reviewing, and reflection*. U. S. A.: Kendall/Hunt Publishing Company.
- Gardner, John (1989). *On Leadership*. New York: Free Press.
- Greenaway, Roger (1990). *More Than Activities*. U. K.: The Save the Children Fund.
- Greenaway, Roger (1993). *Playback: A guide to reviewing activities*. U. K.: The Duke of Edinburgh's Award Published in association with Endeavour Scotland.
- Greenaway, Roger (1996). *Reviewing Adventures: Why and how?* U. K.: An NAOE Publication.

- Henton, Mary (1996). *Adventure in the Classroom: Using adventure to strengthen learning and build a community of life-long learners*. U. S. A.: Kendall/Hunt Publishing Company.
- Heron, John (1999). *The Complete Facilitator's Handbook*. U. K.: Kogan Page Ltd.
- Hogan, Christine (2003). *Practical Facilitation: A toolkit of techniques*. U. K.: Kogan Page Ltd.
- Hunter, D., Bailey, A., & Taylor, Bill (1995). *The Art of Facilitation: How to create group synergy*. Cambridge, MA: Fisher Books.
- Hunter, D., Bailey, A., & Taylor, Bill (1995). *The Zen of Groups: A handbook for people meeting with a purpose*. Tucson, Arizona: Fisher Books.
- Jones, Alanna (1999). *Team-Building Activities For Every Group*. U. S. A.: Rec Room Publishing.
- Knapp, Clifford E. (1992). *Lasting Lessons: A teacher's guide to reflecting on experience*. U. S. A.: Clearinghouse on Rural Education and Small Schools. pp. 16 - 18.（中译本：谢智谋、王怡婷译(2003),《体验教育：带领内省指导手册》。台北：幼狮文化。）
- Lucker, John L., & Nadle, Reldons S. (1992). *Processing The Experience: Strategies to enhance and generalize learning*. U. S. A.: Kendall/Hunt Publishing Company.
- Palmer, Parker J. (1993). *To Know as We Are Known: Education as a spiritual journey*. U. S. A.: Harper San Francisco.
- Palmer, Parker J. (1998). *The Courage to Teach: Exploring the inner landscape of a teacher's life*. U. S. A.: Jossey-Bass Inc.
- Priest, S., Gass, Michael A., & Gillis, L. (2000). *Essential Elements of Facilitation: Skills for enhancing client learning & change*. U. S. A.: TARRAK Technologies.
- Priest, S., & Gass, Michael A. (1999). *Effective Leadership in Adventure Programming*. U. S. A.: Human Kinetics Publishers.
- Roebuck, Chris (1999). *Effective Leadership: The essential guide to thinking and working smarter*. London: Marshall Publishing Ltd.
- Schoel, J., & Maizell, R. (2002). *Exploring Islands of Healing: New perspectives on adventure based counseling*. U. S. A.: Project Adventure, Inc.
- Schoel, J., Prouty, D., & Radcliffe, P. (1988). *Islands of Healing: A guide to adventure based counseling*. U. S. A.: Kendall/Hunt Publishing Company.
- Scholtes, Peter R. (1988). *The Team Handbook: How to use teams to improve quality*. Madison, WI: Joiner Associates Inc.
- Sugerman, Deborah A., Doherty, Kathryn L., Garvey, Daniel E., & Gass, Michael A. (1999). *Reflective Learning: Theory and practice*. U. S. A.: Kendall/Hunt Publishing Company.

• Tuckman, B., & Jensen, M. (1997). Stages in Small Group Development Revisited, in *Group and Organizational Studies*, *2*,(4). pp. 419 - 427.

• Wilkes, C. Gene (1998). *Jesus On Leadership*. U. S. A.: Tyndale House Publishers.

参考网站

• International Association of Facilitators 网站(http://www.iaf-world.org)

• Merriam-Webster Online Dictionary 网站(http://www.m-w.com)

• SOON eNewsletter, Innovative Resources 网站(http://www.innovativeresources.org)

• The Active Reviewing Guide 网站(http://reviewing.co.uk/)

• Training Wheels 网站(http://www.training-wheels.com/)

延伸阅读

• 邓淑英、梁裕宏等(2008),《创路达人从零开始》。香港：突破出版社。

• 区祥江(2008),《启动群体生命力——小组训练 10 课》。香港：突破出版社。

• 邓淑英、黄嘉仪等(2010),《玩创未来》。香港：突破出版社。

• 蔡元云(2011),《敢梦想飞——Young life 召命导航手册》(增订版)。香港：突破出版社。

• 师徒创路学堂师生(2013),《折翼孩子能飞》。香港：突破出版社。

• 李德诚(2015),《生命的超越——历奇辅导的再思》。香港：突破出版社。

• 区祥江、周伟豪、区颖珩(2015),《改写未来的 9 种生存力》。香港：突破出版社。

项目及工作纸索引

第7章 领袖素質 项目	页	工作纸	页	适用场合
旭日映照	82	旭日映照图	83	球队 / 大哥哥大姐姐计划 / 领袖生训练计划等活动
计时表	84	计时表工作纸	85	学生会会长、社长、班长及领袖生来描绘心路历程
领袖五味架	86	五味架工作纸	87	学生会会长、社长、班长及领袖生等分享感受的环节
动物图解	88	动物图像	88	大哥哥大姐姐计划 / 领袖生训练计划等活动
身体检查	90	—		不限
领袖业绩	91	业绩记录表	92	班主任课/领袖生、社长、大哥哥大姐姐之训练活动
杰出领袖大赏	93	—		班主任课 / 公民教育课
领袖龙门阵	94	—		班主任课 / 通识教育课 / 公民教育课
领袖素质大记数	95	领袖素质大记数表格	96	领袖生营会 / 大哥哥大姐姐训练计划等活动
凭歌寄意~You Raise Me Up	97	You Raise Me Up 歌词	98	德育课 / 领袖生营会 / 大哥哥大姐姐训练计划等活动

第8章　团队建立 项目	页	工作纸	页	适用场合
团队你．我．他	108	—		班主任课／球队／大哥哥大姐姐计划／领袖生训练计划等活动
团队优秀展	109	—		通识教育课／公民教育课
各有功用	110	身体不同部位图	111	球队/大哥哥大姐姐计划/领袖生训练计划等活动
我们的掌印	112	—		学生会团队／剧团／辩论队等营会中
团队造型	113	—		成长营／领袖训练营会
VIP到访	114	—		班主任课／公民教育课
团队要素	115	团队要素小卡	116	通识教育课／公民教育课
团队业绩	117	团队业绩量表	118	班主任课／通识教育课
团队拼凑图	119	—		领袖训练营会活动
5分钟剪影	120	—		户外全方位学习

第9章　有效沟通 项目	页	工作纸	页	适用场合
Q版襟章	130	—		成长活动
立志宣言	131	立志卡	132	领袖生／大哥哥大姐姐计划等活动
传情信封	133	—		成长活动／营会
我是谁？	134	角色卡	135	成长课／公民教育活动
背后支持你	136	—		成长活动／营会
四季景致	137	四季景致图	138	班会时段／班主任时间
分享摩天轮	139	分享项目	140	大型集体经验活动后
人际沟通盒	141	—		班会时段／班主任时间
我的小时候	142	记得小时候宾果纸	142	成长课／德育课／班会时段
镜子Q&A	144	镜子Q&A工作纸	173	通识课／成长课／德育课

第10章　难题解决 项目	页	工作纸	页	适用场合
解难方程式	158	—		班主任课 / 通识教育课 / 公民教育课
123红绿灯	160	—		班主任课 / 周记或心灵札记
冲破重围	161	—		成长活动、营会
如果有「Take 2」	162	—		班主任课 / 通识教育课 / 课外活动后的经验检讨会
足迹重访	163	—		一些长时段活动的过程，如旅游交流团、深刻的营会、校庆筹划
拼图显真像	164	—		开学一两个月后或学期中段
难题讲解	165	难题小卡	166	成长课 / 通识教育课
SQ绳	167	—		性教育课 / 公民教育课/德育课
十字路段	168	十字路段座标图	169	学年终 / 大型集体活动后的总结整理时间
立体地图	170	—		班主任课/一些长时段的活动过程，如校际比赛、历奇营会、大型活动筹划等

第11章　目标达成 项目	页	工作纸	页	适用场合
收获指数	181	—		大型活动和比赛后
七彩冰棒	182	—		大型活动和比赛后
水果大拼盘	183	水果图	184	成长课 / 班主任课
十大杰出事件选举	185	—		学期终活动 / 周会
我的超级绳子	186	—		班主任课 / 生活技巧课 / 学期终活动 / 学生个人档案
平步青云路	187	踏步青云路场内布置	188	年中活动 / 周记 / 心灵札记
三格菲林	189	三格菲林纸	190	饥馑午餐 / 辩论比赛 / 纸飞机大赛
我的金像奖	191	—		美术课
辉煌宣传角	192	—		学校壁布板
旗帜飘扬	194	—		运动会 / 社团活动